# Leitfäden und Monographien der Informatik

Bolch: **Leistungsbewertung von Rechensystemen
mittels analytischer Warteschlangenmodelle**
320 Seiten. Kart. DM 44,–

Brauer: **Automatentheorie**
493 Seiten. Geb. DM 62,–

Dal Cin: **Grundlagen der systemnahen Programmierung**
221 Seiten. Kart. DM 36,–

Doberkat/Fox: **Software Prototyping mit SETL**
227 Seiten. Kart. DM 38,–

Ehrich/Gogolla/Lipeck: **Algebraische Spezifikation abstrakter Datentypen**
246 Seiten. Kart. DM 38,–

Engeler/Läuchli: **Berechnungstheorie für Informatiker**
120 Seiten. Kart. DM 26,–

Hentschke: **Grundzüge der Digitaltechnik**
247 Seiten. Kart. DM 36,–

Kiyek/Schwarz: **Mathematik für Informatiker 1**
307 Seiten. Kart. DM 39,80

Klaeren: **Vom Problem zum Programm**
228 Seiten. Kart. DM 32,–

Kolla/Molitor/Osthof: **Einführung in den VLSI-Entwurf**
352 Seiten. Kart. DM 48,–

Loeckx/Mehlhorn/Wilhelm: **Grundlagen der Programmiersprachen**
448 Seiten. Kart. DM 48,–

Mehlhorn: **Datenstrukturen und effiziente Algorithmen**
Band 1: Sortieren und Suchen
2. Aufl. 317 Seiten. Geb. DM 49,80

Messerschmidt: **Linguistische Datenverarbeitung mit Comskee**
207 Seiten. Kart. DM 36,–

Niemann/Bunke: **Künstliche Intelligenz in Bild- und Sprachanalyse**
256 Seiten. Kart. DM 38,–

Pflug: **Stochastische Modelle in der Informatik**
272 Seiten. Kart. DM 39,80

Post: **Entwurf und Technologie hochintegrierter Schaltungen**
247 Seiten. Kart. DM 38,–

Rammig: **Systematischer Entwurf digitaler Systeme**
353 Seiten. Kart. DM 46,–

Richter: **Betriebssysteme**
2. Aufl. 303 Seiten. Kart. DM 39,80

Richter: **Prinzipien der Künstlichen Intelligenz**
359 Seiten. Kart. DM 46,–

Weck: **Prinzipien und Realisierung von Betriebssystemen**
3. Aufl. 306 Seiten. Kart. DM 42,–

Fortsetzung auf der 3. Umschlagseite

Leitfäden und Monographien
der Informatik

Herbert Klaeren
Vom Problem zum Programm

MIT DEN BESTEN EMPFEHLUNGEN

 B. G. Teubner Stuttgart

# Leitfäden und Monographien der Informatik

Herausgegeben von

Prof. Dr. Hans-Jürgen Appelrath, Oldenburg
Prof. Dr. Volker Claus, Oldenburg
Prof. Dr. Günter Hotz, Saarbrücken
Prof. Dr. Klaus Waldschmidt, Frankfurt

Die Leitfäden und Monographien behandeln Themen aus der Theoretischen, Praktischen und Technischen Informatik entsprechend dem aktuellen Stand der Wissenschaft. Besonderer Wert wird auf eine systematische und fundierte Darstellung des jeweiligen Gebietes gelegt. Die Bücher dieser Reihe sind einerseits als Grundlage und Ergänzung zu Vorlesungen der Informatik und andererseits als Standardwerke für die selbständige Einarbeitung in umfassende Themenbereiche der Informatik konzipiert. Sie sprechen vorwiegend Studierende und Lehrende in Informatik-Studiengängen an Hochschulen an, dienen aber auch in Wirtschaft, Industrie und Verwaltung tätigen Informatikern zur Fortbildung im Zuge der fortschreitenden Wissenschaft.

# Vom Problem zum Programm

Eine Einführung in die Informatik

Von Prof. Dr. rer. nat. Herbert Klaeren
Universität Tübingen

B. G. Teubner Stuttgart 1990

Prof. Dr. rer. nat. Herbert Klaeren

Geboren 1950 in Gerolstein/Eifel. Studium der Mathematik und Informatik an der Universität Bonn (1969-1974). Wiss. Mitarbeiter am Institut für Angewandte Mathematik und Informatik an der Friedrich-Wilhelms-Universität Bonn (1975) und an der RWTH Aachen (1976-1982). Promotion 1980 bei K. Indermark. Akademischer Rat an der RWTH Aachen (1982-1988). Habilitation in Informatik (1988). Seit 1988 Professor für Informatik an der Eberhard-Karls-Universität Tübingen.

CIP-Titelaufnahme der Deutschen Bibliothek

**Klaeren, Herbert A.:**
Vom Problem zum Programm : eine Einführung in die
Informatik / von Herbert Klaeren. – Stuttgart : Teubner, 1990
  (Leitfäden und Monographien der Informatik)

  ISBN 978-3-519-02242-8     ISBN 978-3-322-92141-3 (eBook)
  DOI 10.1007/978-3-322-92141-3



Gesamtherstellung: Zechnersche Buchdruckerei GmbH, Speyer
Umschlaggestaltung: M. Koch, Reutlingen

# Vorwort

Dieses Buch entstand aus Manuskripten des Autors zu Informatik-I–Vorlesungen an der Christian-Albrechts-Universität Kiel und der Eberhard-Karls-Universität Tübingen. An diesen Universitäten wird die Informatik-I–Vorlesung außer von den Hauptfachstudenten der Informatik und den Nebenfachstudenten aus der Mathematik und Physik und ggf. weiterer Naturwissenschaften auch von „fachfremden" Studenten der Studiengänge Wirtschaftswissenschaften (Kiel) und Allgemeine Sprachwissenschaft (Tübingen) besucht. Es kommt daher darauf an, neben einer allgemeinen Einführung in Methoden der Informatik und speziell der Programmierung Verständnis für das Wesen der Informatik als einer formalen, der Mathematik nahe verwandten Wissenschaft zu wecken und im übrigen die notwendigen mathematischen Grundlagen innerhalb der Vorlesung selbst anzubieten.

Das Buch eignet sich zu Informatik-Grundkursen für Natur- und Geisteswissenschaftler, aber auch zur Informatik-Nebenfachausbildung allgemein sowie, je nach Studienplan, auch für Informatik-I–Vorlesungen. Darüber hinaus ist es auch zu einem Selbststudium von Informatik-Grundkenntnissen geeignet; hierzu dienen unter anderem auch die aufgeführten Übungen und ihre im Anhang vorgestellten Lösungen. Es muß jedoch entsprechend dem Charakter der Informatik ein gewisses mathematisches Rüstzeug mitgebracht werden oder doch zumindest die Bereitschaft, sich dieses anzueignen. Im Anhang listen wir (im Sinne einer Festlegung von Notationen) die notwendigsten mathematischen Konstruktionen auf; darüber hinaus wird auf die angegebenen Lehrbücher verwiesen.

Der Plan des Buchs ist wie folgt:

Nach einer kurzen Einführung in die allgemeine Thematik behandeln wir in Kapitel 2 den Algorithmenbegriff eingehend. Voraussetzung für den Algorithmenentwurf ist die Erstellung einer Spezifikation für das zu lösende Problem. Dabei gehen wir hier von der vereinfachenden Vorstellung aus, daß die Leistung des zu erstellenden Programms die Berechnung einer Funktion im mathematischen Sinne ist. Unter diesen Bedingungen ist es sinnvoll, darauf zu bestehen, daß die Spezifikation formal abgefaßt und so präzise ist, daß sich ihre Einhaltung durch einen Algorithmus beweisen läßt. Wir stellen daher im Kapitel 2 neben einer formalen Notation („Pseudocode")

für Algorithmen-Zwischenstufen auch das grundlegende Rüstzeug für eine
Verifikation von Algorithmen bereit.

Jede Algorithmenentwicklung ist zum Scheitern verurteilt, solange man
kein geistiges Modell der zugrundeliegenden Maschine hat. Im Kapitel 3
stellen wir daher die Registermaschine als ein einfaches, aber nicht ganz
realitätsfernes Modell des Computers vor. Am Beispiel der Registermaschine wird auch die Problematik der Maschinenprogrammierung auf unter-
ster Ebene vorgestellt. Gleichzeitig wird durch dieses Kapitel das Konzept
der abstrakten Maschine eingeführt.

Kapitel 4 stellt dann anhand einer einfachen Programmiersprache MINI-
PASCAL, die eine echte Teilmenge von PASCAL ist, grundlegende Mechanismen höherer Programmiersprachen wie Blockstruktur und rekursive Prozeduren vor. Bei dieser Gelegenheit werden auch Mittel zur Beschreibung der
Syntax und Semantik von Programmiersprachen vorgestellt. Anhand der
dann folgenden Übersetzung von MINI-PASCAL in eine Maschinensprache
wird deutlich gemacht, wie Blockstruktur und Rekursion auf der Maschi-
nenebene realisiert werden.

Kapitel 5 stellt dann in knapper Form die weitergehenden Sprachkon-
zepte von PASCAL vor, die zur Programmierung abstrakter Datentypen notwendig sind. Diese werden in Kapitel 6 betrachtet. Dabei wird auch vorgeführt, wie man unendliche Mengen mit endlichen Hilfsmitteln konstruktiv
beschreiben kann, und wie das sogenannte „Erzeugungsprinzip" bei der induktiven Definition zusammenhängt mit dem Prinzip der strukturellen Rekursion zur Definition von Abbildungen.

Tübingen, Januar 1990                                      HERBERT KLAEREN

# Inhaltsverzeichnis

# Kapitel 1

# Einführung

## 1.1  Was ist Informatik?

*Informatik*[1] ist ein Kunstwort, das vielleicht zwei Wörter als Wurzeln hat:

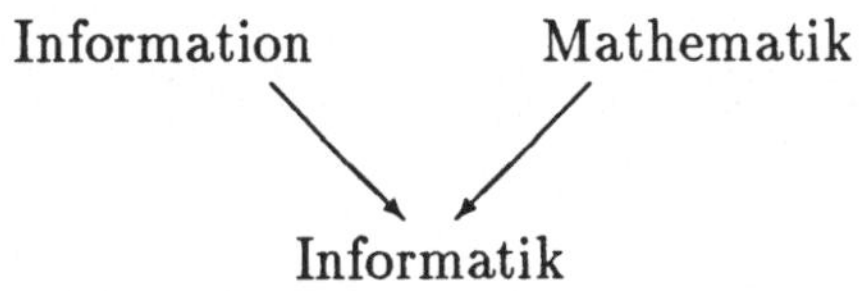


Informatik–Ausbildung und Forschung findet in der Bundesrepublik seit etwa 1967 unter dieser Bezeichnung statt. In den Vereinigten Staaten, wo es diese Wissenschaft (und den entsprechenden Studiengang) schon länger gab, heißt sie *„Computer Science“*. Die deutsche Bezeichnung wurde wohl im Gegensatz dazu bewußt so gewählt, um deutlich zu machen, daß es in der *Informatik* um wesentlich mehr geht als bloß um Computer. Gegenstand sind vielmehr *mathematische Modelle zur Informationsverarbeitung*, die auch von dauerhafterer Natur sind als die Computer selber. Der Unterschied tritt nicht nur in der Namensgebung auf; auch die Lehrinhalte sind bei uns wesentlich stärker auf die theoretischen Grundlagen hin abgestellt als auf die praktische Erarbeitung bestimmter Computer und ihrer Betriebssysteme und Programmiersprachen.

In das übliche Raster von *Geisteswissenschaft – Naturwissenschaft – Ingenieurswissenschaft* läßt sich die Informatik (ebenso wie übrigens die Mathematik) schlecht einordnen. Die Naturwissenschaften erforschen die von Gott vorgegebene Natur und ihre Eigenschaften; demgegenüber beschäftigt sich die Informatik mit Dingen, die letztlich nur der menschlichen Imagination entsprungen sind. Ingenieurswissenschaften wenden traditionell naturwissenschaftliche Erkenntnisse an, um bestimmte Maschinen oder andere Produkte herzustellen; auch dies trifft auf die Informatik nur teilweise zu. CARL FRIEDRICH VON WEIZSÄCKER hat vorgeschlagen, Informatik (und Mathematik) als *Strukturwissenschaften* außerhalb dieses so vorgegebenen

---

[1]Dieser Abschnitt ist z.T. beeinflußt von dem Studienführer Informatik[BHM84]

Rasters zu definieren. In der Tat ist die Beschäftigung mit (mehr oder weniger abstrakten) Strukturen ein wesentliches Merkmal sowohl der Informatik wie der Mathematik.

Die Informatik beschäftigt sich mit

- Struktur, Wirkungsweise, Fähigkeiten und Konstruktionsprinzipien von Informationsverarbeitungs*systemen*,

- Strukturen, Eigenschaften und Beschreibungsmöglichkeiten von *Informationen* und von Informationsverarbeitungs*prozessen*,

- Möglichkeiten der Strukturierung, Formalisierung und Mathematisierung von Anwendungsgebieten sowie der Modellbildung und Simulation.

Die Durchführung irgendeiner Tätigkeit auf dem Computer erfordert eine Formalisierung dieser Tätigkeit bis in die feinsten Details; daher werden auch in der Informatik stets *formale Methoden* eingesetzt. Das heißt, wir beschäftigen uns mit

- abstrakten Zeichen, Objekten und Begriffen,

- formalen Strukturen (z.B. Sprachstrukturen, Datenstrukturen) und ihrer Transformation nach formalen Regeln,

- der effektiven Darstellung solcher Strukturen im Rechner und der automatischen Durchführung der Transformationen.

Damit ein *Rechenprozeß* ablaufen kann, sind drei Dinge vonnöten:

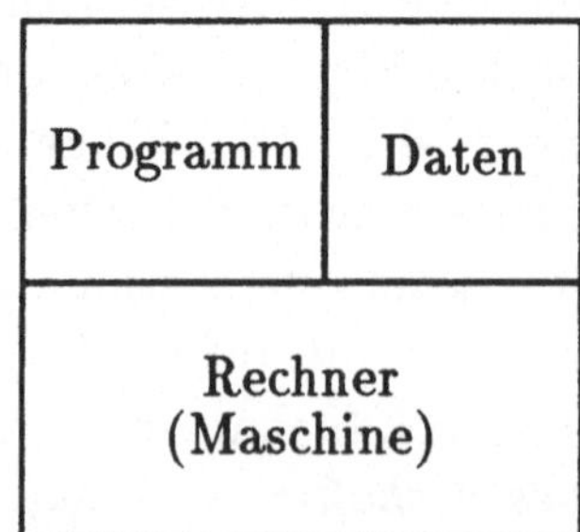


Dementsprechend beschäftigen wir uns in der Informatik mit

- Rechnerstrukturen:

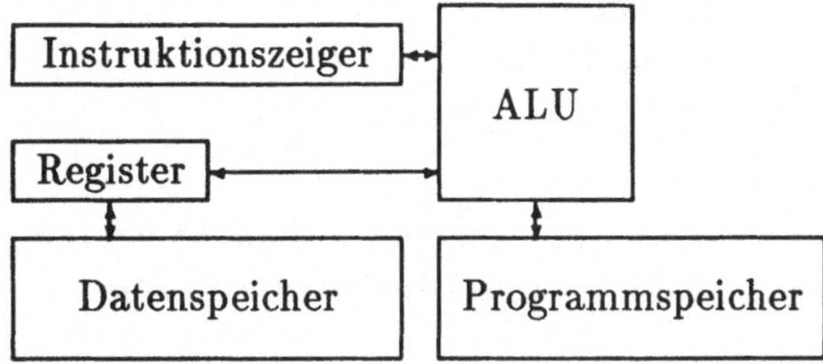


- Programmstrukturen:

```
FOR i := 1 TO 10 DO
   Elem := Table[i];
   WHILE Elem # NIL DO
      IF Elem↑.Index = 0 THEN
        Elem↑.Col := red
      ELSE Elem↑.Col := VAL(Color,Elem↑.Index)
      END (* IF *);
      Elem := Elem↑.Next
   END (* WHILE *)
END (* FOR *);
```

- Datenstrukturen:

```
TYPE Person = RECORD
   Name : STRING;
   Vorname : STRING;
   Geburtsdatum: RECORD
        Tag: [1..31];
        Monat: [1..12];
        Jahr: [1800..2000]
   END (* RECORD *);
   Strasse: STRING;
   Nummer: CARDINAL
END (* RECORD *)
```

Allerdings hat die Informatik auch Züge einer Ingenieurswissenschaft. In der ENCYCLOPAEDIA BRITANNICA wird die Tätigkeit eines Ingenieurs als *die schöpferische Anwendung wissenschaftlicher Prinzipien auf Entwurf und Entwicklung von Strukturen, Maschinen, [...] im Hinblick auf eine gewünschte Funktion, Wirtschaftlichkeit und Sicherheit von Leben und Eigentum*

definiert. Hieraus sollen die drei folgenden Punkte hervorgehoben werden, die den Charakter der Informatik als Ingenieurswissenschaft betonen:

1. Erstes Ziel ist die Erbringung einer gewünschten *Funktion*, das heißt also der Schritt von einem Problem zu einer Lösung. Die meisten lösbaren Probleme haben unübersehbar viele Lösungen. Um diese aufzufinden, ist in der Regel eine breite Kenntnis von Grundlagen und Methoden, aber auch Kreativität erforderlich. Es gehört zum Handwerk des Ingenieurs, nachzuweisen, daß die gewünschte Funktion tatsächlich erbracht wird. Vieles an diesem Nachweis wird mathematischer Natur sein (vgl. etwa die Baustatik).

2. Im Gegensatz zur Mathematik, wo man sich vielfach mit reinen Existenzbeweisen zufriedengibt, welche ein Problem „im Prinzip" lösen, muß der Informatiker wie auch der Ingenieur darauf dringen, daß seine Problemlösung wirtschaftlich vertretbar („effizient") ist. Unter allen theoretisch denkbaren Lösungsmöglichkeiten ist daher möglichst die kostengünstigste auszuwählen.

3. Sicherheitsbetrachtungen gehören von jeher zu den Pflichtübungen des Ingenieurs. Der bestimmungsgemäße Gebrauch einer Vorrichtung darf weder den Benutzer, noch den Rest des Systems gefährden, von dem diese Vorrichtung ein Teil ist. Das erfordert eine sehr sorgfältige Analyse der Grenzfälle des Betriebs. Es gehört zum guten Ton, (bis zu einem gewissen Grad) auch den nicht bestimmungsgemäßen Gebrauch entweder konstruktiv zu verhindern oder aber doch möglichst sicher zu gestalten. In jedem Fall versucht der Ingenieur, durch gewisse Sicherungen einen denkbaren Schaden möglichst gering zu halten.


## 1.2  Geschichte der Programmierung

Wir können hier natürlich nicht einen vollständigen Überblick über die Geschichte der Programmierung geben; wer sich dafür interessiert, möge etwa in [MH80,We81] nachsehen. Wir referieren hier nur kurz einige Punkte, die auch erkennen lassen, wie die Informatik als Wissenschaft entstanden ist.

Geschichte der Programmierung ist natürlich untrennbar verbunden mit der Geschichte der Computer. Wir haben bereits zuvor auf die Kombination *Maschine* ↔ *Programm* hingewiesen, die besonders für Computer charakteristisch ist. Aber auch andere Maschinen sind mehr oder weniger programmierbar:

- Bereits JOSEPH JACQUARD (1752–1834) stellte einen Webstuhl vor, der mit Hilfe von *Lochkarten* auf die Herstellung beliebig gemusterter Stoffe programmiert werden konnte. Die Jacquard'schen Lochkarten waren Vorbild für die

- Lochkartenmaschinen. HERMANN HOLLERITH (1860–1929) entwarf Kartenlocher, Sortierer und Zähler zur Auswertung der amerikanischen Volkszählung von 1890. Karten und Maschinen wurden 1901 nochmals grundlegend überarbeitet. Diese Maschinen waren durch *Steckbretter* programmierbar, wobei man mit Hilfe von kurzen Schnüren Abtaster für Eingabelochkarten mit Zählwerken, Addierern, Stanzmagneten für Ausgabelochkarten etc. verband. Nach diesem Prinzip funktionierende sogenannte „*Rechenstanzer*" waren bei uns noch vor zwanzig Jahren in Betrieb.

- Werkzeugmaschinen wie z.B. Drehbänke werden bereits sehr lange durch *Lochstreifen* auf bestimmte Bearbeitungsgänge programmiert (sog. NC-Maschinen).

Auch die ersten echten Computer waren sogenannte *Fixed Program Machines*, d.h. also Maschinen, in denen das Programm durch mechanische Manipulationen fest montiert wurde. Bei der *Z3* zum Beispiel, die von dem deutschen Computer-Pionier KONRAD ZUSE[2] 1941 gebaut wurde, war das Programm auf einem Lochstreifen enthalten, den die Maschine Schritt für Schritt abarbeitete. Wenn der Algorithmus es erforderte, daß bestimmte Prozesse häufiger wiederholt werden mußten, bis ein *Abbruchkriterium* erfüllt war, klebte Zuse den entsprechenden Lochstreifen zu einem Ring bzw. einer *Schleife* zusammen. Interessanterweise sprechen wir heute auch im Zusammenhang mit *Wiederholungsanweisungen* von Schleifen.

---

[2] Aus der zumeist amerikanischen Literatur geht nicht klar genug hervor, daß in der Tat Konrad Zuse die ersten Computer gebaut hat!

Beim *ENIAC* (Electronic Numerical Integrator And Computer), der 1943 in den USA unter Leitung von J.P. ECKERT und J. MAUCHLY als erster vollelektronischer Computer entstand und deshalb häufig als *der* erste Computer bezeichnet wird ebenso wie beim *COLOSSUS*, der auch 1943 in England unter Mitwirkung von ALAN TURING gebaut wurde, waren die Programme in Steckbrettern ähnlich denen der Rechenstanzer enthalten. Im Prinzip bestand ein Programm darin, daß man an sich autonome Maschinenteile wie Register, Addierer, Zähler, Schrittfolge-Generatoren etc. untereinander verband und damit den mathematischen Algorithmus nachbildete, der hier zu berechnen war.[3]

In der Tat dachten die Konstrukteure der ersten Computer zunächst nicht daran, daß diese Maschinen in einem gewissen Sinne *universell* einsetzbar waren; vielmehr stand die Lösung ganz bestimmter Probleme im Vordergrund:

- ZUSE war Bauingenieur und baute die *Z1*, um die stupiden und fehlerträchtigen Berechnungen in der Baustatik automatisch durchführen zu lassen.

- Der *ENIAC* wurde für die amerikanische Marine gebaut, um bessere *ballistische Tabellen* herzustellen.

- Der *COLOSSUS* wurde nur zur Analyse der sehr komplexen Geheimcodes hergestellt, die im U-Boot-Krieg von der deutschen Chiffriermaschine *ENIGMA* erzeugt wurden. A. TURING [Tu37] hatte allerdings bereits auch grundlegend darüber nachgedacht, welche Art von Funktionen überhaupt maschinell berechenbar seien.

Diese ersten Computer wurden in der Regel von ihren Erbauern programmiert; diese waren zugleich auch die Benutzer der Rechner. Insofern gab es wenig Gelegenheit für Mißverständnisse; darüber hinaus hatten die von den Programmen gelieferten Ergebnisse keine unmittelbaren Auswirkungen auf die reale Welt. Außerdem standen die Algorithmen, d.h. also die Rechenvorschriften bereits weitgehend fest und mußten lediglich noch codiert werden. In dieser Umgebung war natürlich kein Bedarf für eine neue Wissenschaft *Informatik* oder *Computer Science*; die Methoden der Mathematik und der Elektrotechnik waren völlig ausreichend.

---

[3]Die Denkweise, die durch diese Maschinen erzwungen wurde, das sogenannte *Datenflußdenken*, ist heute wieder sehr modern.

Fassen wir nochmals zusammen, was für die Frühzeit der Computer (etwa 1942–1948) galt:

- *Fixed Program Machines*: Das Programm ist nicht in der Maschine gespeichert, sondern stellt eine Art Schaltung dar, die den Datenfluß eines mathematischen Algorithmus nachbildet.

- Die Algorithmen und ihre Eigenschaften sind aus der Mathematik bekannt.

- Die Konstrukteure sind gleichzeitig auch die Programmierer und die Benutzer.

- Die Programme behandeln eine eingeschränkte Problemklasse und haben keine unmittelbaren praktischen Auswirkungen.

Gegen Ende der Vierziger Jahre kamen (unter dem Einfluß einer billigeren Speichertechnologie) die ersten Maschinen auf, in denen das Programm in gleicher Weise gespeichert war wie zuvor nur die Daten. Die Idee, daß Programme auch Daten sind und von der Maschine unter der Kontrolle anderer Programme manipuliert werden können, wird meistens dem Mathematiker JOHN VON NEUMANN zugeschrieben, obwohl auch andere zu dieser Zeit daran gedacht zu haben scheinen [MH80].

Unter dem Eindruck des Koreakriegs (1950–1953) wird die Computer-Technologie energisch vorangetrieben, was der Verwirklichung der von Neumann'schen Idee zum Durchbruch verhalf.

Die Auswirkungen dieser Idee sind schier unermeßlich: Es wird jetzt möglich, daß der Computer selbst seine Programme herstellt, wobei der Mensch „nur noch" zu *spezifizieren* braucht, was denn zu tun ist[4]. Dies kann er auf einer höheren Ebene tun als zuvor; er braucht nicht mehr die in der Mathematik gebräuchlichen Variablen selbst auf die Maschinenregister abzubilden und braucht sich nicht mehr so intensiv mit der Hardware der Maschine auseinanderzusetzen. Bereits 1952/53 erscheinen die ersten *Programmgeneratoren*, die es erlauben, daß man arithmetische Ausdrücke wie z.B. $2 + x * (i - 5)$ fast wie in der Alltagsmathematik aufschreiben kann; diese werden automatisch in eine Folge von Befehlen zur Berechnung dieses Ausdrucks übersetzt. 1955 erscheint eine Sprache *FLOWMATIC* zur Beschreibung von Datensätzen und Berechnungsverfahren für kaufmännische

---

[4]Die Originalliteratur aus dieser Zeit ist übertrieben optimistisch in dieser Beziehung.

Anwendungen.  Die daraus abgeleitete Sprache *COBOL* (1959) ist heute noch in Gebrauch.  1957 entsteht *FORTRAN* (= FORmula TRANslator), eine Sprache die auch heute[5] noch Standard für technisch-wissenschaftliche Programme ist.  Auf der anderen Seite erscheint 1959 auch die Sprache *LISP* des amerikanischen Mathematikers JOHN MCCARTHY, deren Name (von LISt Processing abgeleitet) wenig über ihre Natur sagt.  Es ist die erste „funktionale" Programmiersprache, bei der nicht der Begriff der *Variablen* und der Veränderung ihres Wertes im Vordergrund steht, sondern der Begriff der *Funktion*.

1958 wird durch internationale Zusammenarbeit eine Sprache entwickelt, die zunächst *IAL* (= International Algebraic Language) heißt, dann weiterentwickelt wird zu *ALGOL58*, später *ALGOL60*, und wahrscheinlich wie keine andere Sprache das Denken über Programmiersprachen, ihre theoretischen Grundlagen, ihre syntaktische und semantische Beschreibung und ihre innere Struktur beeinflußt hat.

Bis heute sind mehrere hundert Programmiersprachen entwickelt worden, was sicherlich dazu veranlaßt, daß man sich über Programmierung und Programmiersprachen im allgemeinen Gedanken machen sollte, da man sowieso niemals alle Programmiersprachen im Einzelnen erlernen wird.

Wir haben zuvor vier wesentliche Merkmale der Frühzeit der Programmierung vorgestellt; stellen wir jetzt dem gegenüber, was danach charakteristisch wurde und bis heute gilt:

- *Stored Program Machines:* Das Programm ist selbst in der Maschine gespeichert.  Es wird (normalerweise) nicht durch mechanische Manipulationen in die Maschine eingebracht, sondern unter Kontrolle anderer Programme *(Betriebssysteme)* eingelesen und gestartet.  Programme werden vom Programmierer nicht in der Codierung erstellt, wie sie die Maschine benötigt, sondern in einer *Programmiersprache* geschrieben.

- In den meisten Fällen ist der Computer nur Teil einer ganzheitlichen Problemlösung; die genaue Aufteilung der Aufgabe sowie geeignete Algorithmen zu ihrer maschinellen Lösung müssen erst gesucht werden.

- Maschinenhersteller, Programmierer und Benutzer der Rechner bzw. Programme sind verschiedene Menschengruppen mit unterschiedlicher

---

[5] *leider*, wie die Informatiker sagen

Vorbildung. Dies hat Kommunikationsprobleme zur Folge und schafft die Notwendigkeit von Dokumentationen.

- Der Einsatzbereich der Programme ist unüberschaubar; die Programme haben z.T. unmittelbare praktische Auswirkungen.

Die hier auftretenden Probleme verlangten in der Tat nach der Informatik als einer neuen Wissenschaft, die sich damit ganzheitlich beschäftigen konnte. Maschinen mit einem gespeicherten Programm können sich ganz unterschiedlich verhalten unter Kontrolle dieses Programms. Es entstehen *scheinbare (virtuelle) Maschinen*, indem wir annehmen, daß der Rechner unsere Eingabesprache „unmittelbar versteht". Vieles von dem, was als Leistung der Maschine selbst erscheint, ist jedoch Leistung eines Programms, und die Verwendung von sog. „Nur-Lese-Speichern" *(ROM's)* verwischt die Grenzen zwischen Hardware und Software.

Der geschickte Entwurf einer Hierarchie von virtuellen Maschinen und die effiziente Übersetzung zwischen ihren Sprachen ist eine der wesentlichen Herausforderungen bei der Programmierung.

## 1.3   Problemlösen durch Algorithmen

Wir sprachen bereits zuvor den Begriff des *Algorithmus* an und möchten hier nochmals darauf zurückkommen. Es ist inzwischen dank der fortgeschrittenen Computerisierung allgemein bekannt, daß der Computer ein *Programm* braucht, um ein bestimmtes Problem zu lösen. Bevor man jedoch anfangen kann, das Programm zu schreiben, muß man sich zunächst auf allgemeinerer Stufe ein *Verfahren* überlegen, wie sich das Problem mechanisch (stupide) lösen läßt, denn der Computer verfügt über keinerlei Intelligenz. Jede eventuell bei der Lösung auftretende Schwierigkeit muß im Voraus bedacht sein und entsprechend abgewehrt werden.

Der Begriff des Algorithmus ist natürlich wesentlich älter als alle Computer. Bereits Euklid's „Elemente" (3. Jhdt. v.Chr.) ist als eine Sammlung von Algorithmen zu betrachten.

Das Wort „Algorithmus" kommt trotzdem nicht von den Griechen, sondern ist von dem Namen des Mathematikers MOHAMMED IBN MUSA ABU DJAFAR AL KHOWARIZMI (ca. 783–850, auch al Khwarizmi, al Choresmi u.a.) aus der persischen Gegend Choresmien (im Gebiet der heutigen Sowjetrepublik Usbekistan) abgeleitet, der um 800 in Bagdad in dem von dem Kalifen HARUN AL RASCHID gegründeten „Haus der Weisheit" zusammen mit anderen Wissenschaftlern Übersetzungen der griechischen mathematischen und medizinischen Schriften ins Arabische anfertigte und auf dieser Basis selbst weiter forschte. Er schrieb ein weit verbreitetes Buch mit dem arabischen Titel „Kitab al muhtasar fi hisab al gebr we al muqabala" („Kurzgefaßtes Lehrbuch für die Berechnung durch Vergleich und Reduktion"), das bereits Lösungen von Gleichungen mit mehreren Unbekannten behandelte, und hat uns damit außer dem „Algorithmus" auch noch die Wörter „Algebra" und „Kabbala" beschert. In der lateinischen Übersetzung dieses Buchs, das durch die Kreuzfahrer nach Europa kam, begannen die Abschnitte jeweils mit „Dixit algorismi:" („So sprach al Khowarizmi:"), woraus sich die Bezeichnung Algorismus (später auch Algoritmus, Algorithmus) für eine Rechenvorschrift ableitete.

Zur Zeit von ADAM RIESE[6] galten Rechenaufgaben wie etwa Verdoppeln, Halbieren, Multiplizieren von Dezimalzahlen als so schwierig, daß hierfür ausdrücklich Algorithmen formuliert und gelehrt wurden. Hierzu ein Beispiel im Originalton von Riese:

> **Dupliren** *Lehret wie du ein zahl zweyfaltigen solt. Thu ihm also: Schreib die zahl vor dich/mach ein Linien darunder/heb an zu forderst/Duplir die erste Figur. Kompt ein zahl die du mit einer Figur schreiben magst/so setz die unden. Wo mit zweyen/schreib die erste/Die ander behalt im sinn. Darnach duplir die ander/und gib darzu/das du behalten hast/unnd schreib abermals die erste Figur/wo zwo vorhanden/und duplir fort biß zur letzten/die schreibe gantz auß/als folgende Exempel außweisen.*

$$\begin{array}{ccc} 41232 & 98765 & 68704 \\ \hline 82464 & 197530 & 137408 \end{array}$$

Natürlich lernen wir auch heute noch in der Grundschule die Algorithmen zur Multiplikation und Division von Dezimalzahlen, auch wenn sie nicht ausdrücklich so genannt werden. An einem weiteren Beispiel wollen wir die Grundeigenschaften eines Algorithmus kennenlernen. Es ist dies der *Euklidische Algorithmus* zur Bestimmung des größten gemeinsamen Teilers

---

[6]A. Risen, Rechenbuch, Frankfurt 1574

zweier natürlicher Zahlen, der in moderner sprachlicher Formulierung etwa
so lautet:

> *Euklidischer Algorithmus*
>
> **Aufgabe:** Seien $a$ und $b$ natürliche Zahlen, $b \neq 0$. Bestimme
> den *größten gemeinsamen Teiler* $g \overset{\text{def}}{=} \mathrm{ggT}(a,b)$ von $a$ und
> $b$.
>
> **Verfahren:**   1. Falls $a = b$ gilt, brich die Berechnung ab; es gilt
> $g = a$. Anderenfalls gehe zu Schritt 2.
> 2. Falls $a > b$ gilt, ersetze $a$ durch $a - b$ und setze die
> Berechnung mit Schritt 1 fort, sonst gehe zu Schritt 3.
> 3. Es gilt $a < b$. Ersetze $b$ durch $b - a$ und setze die
> Berechnung mit Schritt 1 fort.

Die grundlegenden Eigenschaften eines Algorithmus sind:

1. Das Verfahren ist durch einen endlichen Text beschrieben.

2. Es läuft in einzelnen, wohldefinierten Rechenschritten ab, die in einer
   eindeutigen Reihenfolge durchzuführen sind.

3. Die Rechnung besitzt gewisse Parameter („Eingabegrössen") und wird
   für jede Eingabe nach endlich vielen Rechenschritten abbrechen und
   ein eindeutig bestimmtes Ergebnis liefern.

Punkt 3 hiervon läßt sich natürlich nur erfüllen, wenn die Objekte selbst,
mit denen der Algorithmus operiert, eine endliche Darstellung besitzen. So
gibt es strenggenommen keinen Algorithmus für die Addition reller Zahlen
in Dezimalbruch-Darstellung. Dies hat jedoch zum Glück keine praktischen
Auswirkungen, da wir in solchen Fällen sowieso stets mit *endlichen Approxi-
mationen* solcher unendlichen Objekte arbeiten. Bei den reellen Zahlen z.B.
genügen selbst für anspruchsvolle Anwendungen in der Regel weniger als 20
Stellen hinter dem Komma.

Die Mathematiker haben sich lange Zeit nicht intensiv mit dem Algorithmenbegriff auseinandergesetzt, zumal die allgemeine Auffassung herrschte,
daß es zu jedem mathematisch präzise formulierten Problem auch einen Algorithmus zu seiner Lösung gab. Hieran ändern auch Resultate wie etwa

der Beweis der Unmöglichkeit der Quadratur des Kreises mit Zirkel und Lineal nichts, da hier lediglich gezeigt wird, daß eine bestimmte Aufgabe mit bestimmten eingeschränkten Hilfsmitteln algorithmisch nicht gelöst werden kann. Die prinzipielle Lösbarkeit durch Algorithmen mit stärkeren Hilfsmitteln bleibt dabei unberührt.

Erst die zu Beginn dieses Jahrhunderts begonnene Axiomatisierung der Mathematik führte im Bereich der mathematischen Logik zu einer genaueren Beschäftigung mit dem Algorithmenbegriff. Diese Forschungen begannen in den Dreißiger Jahren, also vor der Computerzeit. Es ergab sich die überraschende Erkenntnis, daß sich bestimmte Probleme *prinzipiell* nicht algorithmisch lösen lassen, wie etwa das von D. HILBERT aufgeworfene sogenannte Entscheidungsproblem der Prädikatenlogik oder das von A. THUE behandelte Wortproblem der Gruppentheorie.

Hierzu braucht man selbstverständlich eine allgemein anerkannte mathematisch präzise Formulierung des Algorithmenbegriffs. Eine erste solche Präzisierung enthält implizit der *Unvollständigkeitssatz der Arithmetik* von K. GÖDEL (1931), der als erster Unlösbarkeitsbeweis seinerzeit großes Aufsehen erregte. Die Aussage dieses Satzes ist, daß es für jedes formale System zur Beschreibung der Arithmetik (auf natürlichen Zahlen) wahre Aussagen über Zahlen gibt, die sich innerhalb des Systems nicht beweisen lassen.

In der Informatik beschäftigen wir uns natürlich hauptsächlich mit Problemen, die sich algorithmisch lösen lassen, weil das der Bereich ist, in dem der Computer eingesetzt werden kann. Es sei jedoch bereits hier als Warnung vermerkt, daß es viele Probleme gibt, die im Prinzip algorithmisch lösbar sind, aber von der praktischen Seite als unlösbar betrachtet werden müssen, weil man viel länger zur Berechnung nach den Algorithmen bräuchte, als irgend jemand zu warten bereit oder in der Lage ist.

Bevor wir mit der Konstruktion von Algorithmen beginnen, müssen wir zunächst bemerken, daß die Informatik eine sehr formale, der Mathematik stark verwandte Wissenschaft ist. Deshalb ist ein gewisser mathematischer Grundstock unerläßlich. Wir stellen im Anhang A einige Grundlagen relativ knapp dar; weiterer Bedarf kann durch das sehr gute Lehrbuch von Knuth et al. [GKP89] abgedeckt werden.

# Kapitel 2

# Algorithmen und Spezifikationen

Es ist viel geistige Energie darauf verwendet worden, zwischen *Algorithmus* und *Programm* feinsinnige Unterscheidungen zu treffen.[1] Wir behaupten, daß sich diese Unterscheidung im Prinzip nicht lohnt. Zwar gibt es Möglichkeiten, Algorithmen außerhalb jeder Programmiersprache und ohne jeden Bezug zum Computer zu formulieren, aber alle Programme sind spezielle Erscheinungsformen von Algorithmen, weil die Programmiersprachen letztlich nur als formale Werkzeuge zur Notation von Algorithmen erfunden worden sind. Besonders deutlich wird dies am Beispiel von ALGOL60, dessen Name einerseits eine Abkürzung von „ALGO(rithmic) L(anguage)" sein soll, aber andererseits eine gezielte Anspielung auf den Doppelstern Algol im Sternbild Perseus darstellt. Auch ALGOL sollte eine Doppelrolle spielen: einerseits als eine Sprache, die vom Computer verarbeitet werden konnte, andererseits aber auch als offizielle Sprache zur Veröffentlichung von Algorithmen.

Hier wollen wir „Algorithmus" als einen Oberbegriff zu „Programm" betrachten, bei dem die strengen Regeln der Programmiersprache nicht eingehalten zu werden brauchen. Wir werden eine halbformale, programmiersprachenähnliche Notation für Algorithmen vorstellen, die vielfach *„Pseudocode"* genannt wird.

## 2.1  Spezifikationen

In diesem Abschnitt wollen wir lernen, daß als erster Schritt zu einer Problemlösung zunächst das Problem präzise beschrieben werden muß. Wir werden eine solche Problembeschreibung eine *Spezifikation* nennen. Anschließend kann man dann ein Verfahren zur Lösung des Problems entwikkeln. Wir werden in einem weiteren Abschnitt auch den Begriff des Algorithmus genauer betrachten.

Wir sind alle mit dem Lösen von *Textaufgaben* oder *Denksportaufga-*

---

[1] Dieses Kapitel ist beeinflußt von dem Vorlesungsmanuskript [Lo87].

*ben* vertraut, die wir hier vielleicht einmal als Prototyp von *informellen Problembeschreibungen* auffassen können. Wir müssen dabei jeweils zuerst feststellen, was wirklich zu tun ist, also die *Spezifikation* für die Rechnung aufstellen. Speziell das Beispiel der Denksportaufgaben zeigt, daß häufig die eigentliche Leistung in der Aufstellung der Spezifikation liegt: Wenn erst einmal klar ist, was zu rechnen ist, ist die Aufgabe schon zu 90% gelöst.

Das gilt auch für das folgende Beispiel; es zeigt außerdem einige der Tücken solcher informeller Problembeschreibungen:

**Beispiel 2.1** Auf einem Parkplatz stehen PKW's und Motorräder ohne Beiwagen. Zusammen seien es $n$ Fahrzeuge mit insgesamt $m$ Rädern. Bestimme die Anzahl $P$ der PKW's.

Bevor wir mit einer genaueren Betrachtung dieses Problems beginnen, zunächst eine Vorbemerkung: In Wirklichkeit wird hier eine ganze *Klasse von Problemen* beschrieben, nämlich je ein gesondertes Problem für jede mögliche Wahl von $n$ und $m$. Wir sagen auch: Die Problembeschreibung enthält $n$ und $m$ als *Parameter*. Das Vorhandensein von solchen Parametern ist typisch für Probleme, zu denen Algorithmen entwickelt werden sollen. Um zu A. Risen zurückzukommen: Es ist sinnlos, einen „Algorithmus" zur Multiplikation von 12 mit 253 zu entwickeln: man könnte dann den Algorithmus in die Worte *„Das Ergebnis ist 3036"* zusammenfassen. Das *parametrisierte Problem* der Multiplikation von $n$ mit $m$ für beliebige Dezimalzahlen $n$ und $m$ dagegen lohnt es, auf allgemeiner Stufe betrachtet zu werden.

Nach dieser Vorbemerkung beschäftigen wir uns mit dem hier beschriebenen Problem.

Wir überlegen, daß offensichtlich die Anzahl $P$ der PKW's plus die Anzahl $M$ der Motorräder die Gesamtzahl $n$ der Fahrzeuge ergibt. Außerdem wissen wir, daß jeder PKW 4 Räder und jedes Motorrad 2 Räder hat und daß die Radzahlen der PKW's und Motorräder zusammen $m$ ergeben müssen. Das heißt, daß wir es mit dem folgenden Gleichungssystem zu tun haben:

$$\begin{aligned} P + M &= n \\ 4P + 2M &= m \end{aligned}$$

Wir lösen die erste Gleichung nach $M$ auf:

$$M = n - P$$

und setzen in die zweite Gleichung ein:

$$\begin{aligned} 4P + 2(n - P) &= m \\ 2P &= m - 2n \\ P &= \frac{m - 2n}{2} \end{aligned}$$

An dieser Stelle sind wir versucht, das Problem als gelöst zu betrachten und könnten jetzt nach dieser Formel ein Computerprogramm schreiben. Auf diese Weise sind auch die berüchtigten „Null-Mark-Rechnungen" des Computers entstanden, die dann auch noch von der „Null-Mark-Mahnung" gefolgt werden und schließlich nur durch eine fiktive „Null-Mark-Überweisung" abgestellt werden können. Wir erhalten nämlich für die Eingabe $n = 3$ und $m = 9$ die Rechnung

$$P = \frac{9 - 2 \cdot 3}{2} = \frac{3}{2} = 1,5 \,,$$

also müßten auf dem Parkplatz anderthalb PKW's stehen. Offensichtlich ergibt die Aufgabe nur einen Sinn, wenn die Anzahl $m$ der Räder gerade ist. Aber das ist noch nicht alles, wie die Rechnung für $n = 5$ und $m = 2$ zeigt:

$$P = \frac{2 - 2 \cdot 5}{2} = \frac{2(1 - 5)}{2} = 1 - 5 = -4$$

Die Antwort wäre also *„Es fehlen vier PKW's"*, was auch unsinnig ist. Die Anzahl der Räder muß mindestens zweimal so groß sein wie die Anzahl der Fahrzeuge. Eine dritte Rechnung (oder eine einfache Überlegung) zeigt, daß die Anzahl der Räder höchstens viermal so groß sein kann wie die Anzahl der Fahrzeuge; wenn man etwa $n = 2$ und $m = 10$ annimmt, ergibt sich $P = 3$ und demzufolge $M = -1$.

Der „Fehler" in der Problembeschreibung dieses Beispiels ist, daß einige Tatsachen aus der Anschauungs- und Erfahrungswelt als allgemein bekannt vorausgesetzt werden, die wir in der obigen Überlegung auch explizit angesprochen haben. Unter anderem wird davon ausgegangen, daß es sich bei $n$ und $m$ tatsächlich um die Fahrzeugzahl und Räderzahl eines real existierenden Parkplatzes handelt; dann können die hier angesprochenen Probleme natürlich nicht auftreten. Für die mathematische Behandlung in der oben abgeleiteten Formel sind jedoch $n$ und $m$ nur irgendwelche Zahlen; der Bezug zu real existierenden Gegenständen ist völlig aufgehoben. Derartige *Abstraktionsschritte* sind typisch für die Mathematik, aber auch für die Informatik. In der Informatik allerdings sind die Folgen einer inkonsequenten Einhaltung von Abstraktionen in der Regel verheerender, weil sie durch die Computer vervielfacht werden.

Es gilt deshalb die folgende

**Spezifikationsregel:** [Lo87] Vor der Entwicklung eines Algorithmus ist zunächst für das Problem eine *funktionale Spezifikation* anzufertigen. Diese beschreibt die Menge der gültigen Eingabegrößen ( „*Definitionsbereich*") und die Menge der möglichen Ausgabegrößen ( „*Wertebereich*") mit allen für die Lösung wichtigen Eigenschaften, insbesondere dem funktionalen Zusammenhang zwischen ihnen.

Häufig werden Definitions- und Wertebereich nur implizit in der Beschreibung des funktionalen Zusammenhangs zwischen Eingabe- und Ausgabegrößen aufgeführt. Diesen Zusammenhang beschreibt man gerne durch sogenannte *Vor-* und *Nachbedingungen*. Die *Vorbedingung* beschreibt den Zustand *vor* Ausführung des geplanten Algorithmus, m.a.W. seine *Voraussetzungen*. Die Nachbedingung beschreibt dementsprechend den Zustand *nach* Ausführung des Algorithmus, m.a.W. seine *Leistungen*. Wir wollen einen Text nur dann wirklich eine funktionale Spezifikation nennen, wenn Vor- und Nachbedingung ausdrücklich und präzise aufgeführt sind.

Wenden wir dies auf das Beispiel 2.1 an, so ergibt sich:

**Spezifikation 2.2 (Parkplatzproblem)**

**Eingabe:** $m, n \in \mathbb{N}$

**Vorbedingung:** $m$ gerade, $2n \leq m \leq 4n$

**Ausgabe:** $P \in \mathbb{N}$, falls Nachbedingung erfüllbar, sonst „Keine Lösung".

**Nachbedingung:** Für gewisse $P, M \in \mathbb{N}$ gilt

$$P + M = n$$
$$4P + 2M = m$$

In dieser Spezifikation sind wir extrem vorsichtig vorgegangen, indem wir auch den Fall vorgesehen haben, daß das angegebene Gleichungssystem nicht über den natürlichen Zahlen lösbar ist. In der Praxis hat man es in der Tat häufiger mit Problemen zu tun, bei denen nicht immer Lösungen existieren. Deshalb kann die Nachbedingung auch nicht in allen Fällen erfüllt werden. Wir haben hier die offensichtlichsten Voraussetzungen unter „Vorbedingung" aufgeführt. Natürlich hätte man auch noch hinzufügen können: „Es existieren $P, M \in \mathbb{N}$ so daß die Nachbedingung erfüllt ist." Damit hätte man allerdings auf unschöne Art Vor- und Nachbedingung miteinander verknüpft bzw. die Nachbedingung bereits vorweggenommen. Es gibt aber noch ein anderes Argument gegen die Aufnahme dieser Klausel in die Vorbedingung: Sie läßt sich erst überprüfen, wenn wir bereits versucht haben, das Ergebnis zu ermitteln. Häufig verlangt man jedoch von Algorithmen (und Programmen), daß sie *robust* sind, d.h. die Einhaltung ihrer Vorbedingung selbst überprüfen, bevor sie mit der Rechnung beginnen.

Beispiel 2.1 ist so banal, daß wir ohne weitere Vorbereitung hier einen „Algorithmus" zu seiner Lösung angeben können; es ist dies die bereits zuvor hergeleitete Auflösung des Gleichungssystems. Wenn man diese erst einmal hergeleitet hat, kann man auch einsehen, daß die Vorbedingung tatsächlich hinreichend für die Lösbarkeit des Gleichungssystems über $\mathbb{N}$ ist: Wenn die Zahl der Räder $m$ gerade ist, dann ist auch $m - 2n$ gerade, so daß die Zahl der PKW's $P$ in jedem Fall eine ganze Zahl wird. Die Bedingung $2n \leq m$ sorgt dafür, daß $P$ nicht negativ wird und die Bedingung $m \leq 4n$ dafür, daß der maximale Wert von $P$ gleich $n$ ist; dadurch werden negative Motorradzahlen vermieden. Insgesamt erhalten wir also:

**Algorithmus 2.3 (Parkplatzproblem)**

**Eingabe:** $m, n \in \mathbb{N}$

**Vorbedingung:** $m$ gerade, $2n \leq m \leq 4n$

**Verfahren:** Berechne $P \stackrel{\text{def}}{=} \frac{m - 2n}{2}$

**Ausgabe:** $P \in \mathbb{N}$

**Nachbedingung:** Es gibt $M \in \mathbb{N}$ mit

$$\begin{aligned} P + M &= n \\ 4P + 2M &= m \end{aligned}$$

Wir wollen es als guten Stil betrachten, die Spezifikation in der Algorithmenbeschreibung zu wiederholen, ggf. in leicht veränderter Form. Um dieses Beispiel jetzt endgültig abzuschließen, wollen wir im Vorgriff auf spätere Kapitel zeigen, wie dieser Algorithmus in der Programmiersprache Pascal aussieht:

```
program Parkplatz(Input,Output);
```

*(* Parkplatzproblem.  Lies Anzahl der Fahrzeuge und Anzahl der Räder und gib Anzahl der PKWs aus, falls Lösung möglich.*

*Vorbedingung:  AnzRaeder gerade und*
*        2 * AnzFahrzeuge <= AnzRaeder*
*                    <= 4 * AnzFahrzeuge*
*Nachbedingung: P + M = AnzFahrzeuge*
*       4 * P + 2 * M = AnzRaeder,*
*       wobei P die Anzahl der PKWs und M die Anzahl*
*       der Motorräder.*

**)*

```
var  AnzRaeder,
     AnzFahrzeuge: Integer;
     P: Integer;

begin
    ReadLn(" Anzahl der Fahrzeuge? ", AnzFahrzeuge);
    ReadLn(" Anzahl der Räder?    ", AnzRaeder);
    if (AnzRaeder < 0) or (AnzFahrzeuge < 0) or
        odd (AnzRaeder) or (AnzRaeder < 2 * AnzFahrzeuge)
        or (AnzRaeder > 4 * AnzFahrzeuge) then
    WriteLn("Falsche Eingabe!")
    else begin
        P := AnzRaeder - 2 * AnzFahrzeuge;
        WriteLn(P div 2, " PKWs")
    end (* IF *)
end.
```

Bei unseren Spezifikationen ist bislang außer Acht geblieben, welche *Hilfsmittel* zur Problemlösung verwendet werden dürfen. In manchen Fällen besteht aber das größte Problem darin, mit eingeschränkten Hilfsmitteln auszukommen (Beispiel: geometrische Konstruktionen mit Zirkel und Lineal). In diesen Fällen gehört natürlich die Angabe der Hilfsmittel mit zur Spezifikation. Wir schreiben dann *Hilfsmittel* zwischen *Vorbedingung* und *Nachbedingung*. Hier werden wir Hilfsmittel-Spezifikationen nicht betrachten.

Im Beispiel 2.2 haben wir in der Spezifikation nur Standard-Objekte aus der Mathematik verwendet. Im allgemeinen wird es aber notwendig sein, gewisse *problemspezifische Objekte* selbst einzuführen, um die Formulierung zu erleichtern. Hierzu gehören unter anderem die sogenannten *abstrakten Datentypen*, auf die wir noch später zu sprechen kommen. Für den Augenblick wollen wir die folgende Festlegung treffen, ohne auf das Attribut „abstrakt" einzugehen:

**Definition 2.4 (Datentyp)** Ein *Datentyp* ist eine Menge zusammen mit einer bestimmten Menge von Funktionen, in deren Vor- oder Nachbereich diese Menge auftritt. Die Menge heißt auch *Trägermenge* des Datentyps, die Funktionen heißen *Operationen* des Datentyps. Wir schreiben einen Datentyp in der Form $\mathcal{D} = \langle M; f_1, \ldots, f_n \rangle$, wobei $M$ die Trägermenge und $f_1, \ldots, f_n$ die Operationen sind.

Was den Datentyp von der Menge unterscheidet, ist die Zuordnung von bestimmten Operationen hierzu. Gerade diese Zuordnung ist aber für die Informatik besonders wichtig, wie das folgende Beispiel zeigt:

**Beispiel 2.5** Sei **Q** die Teilmenge der rationalen Zahlen, die sich in Dezimaldarstellung mit maximal 10 Ziffern schreiben lassen. Der zugrundeliegende Datentyp eines einfachen Taschenrechners ist dann

$$\mathcal{Q}_1 \stackrel{\text{def}}{=} \langle \mathbf{Q}; +, -, \times, / \rangle$$

(Dabei sind alle Operationen Funktionen von $\mathbf{Q} \times \mathbf{Q}$ nach $\mathbf{Q}$.) Wenn wir auf diesem Taschenrechner etwa Prozentrechnung durchführen wollen, so müssen wir diese zuerst auf die Operationen des eingebauten Datentyps reduzieren, d.h. also z.B. „$\times 5\%$" ersetzen durch „$\times 0,05$" und „$+5\%$" durch „$\times 1,05$". Ein etwas komfortablerer Taschenrechner bietet uns vielleicht den folgenden Datentyp an:

$$\mathcal{Q}_2 \stackrel{\text{def}}{=} \langle \mathbf{Q}; +, -, \times, /, \%, \sqrt{x}, x^2 \rangle$$

Beide Datentypen haben die gleiche Trägermenge, aber die Existenz der „$\sqrt{x}$"-Funktion in $Q_2$ stellt ein schwerwiegendes Problem dar, wenn wir eine Rechnung des $Q_2$-Rechners auf dem $Q_1$-Rechner ausführen wollen. Noch komplizierter wird es, wenn wir den folgenden „Luxus-Datentyp" betrachten:

$$Q_3 \stackrel{\text{def}}{=} \langle \mathbf{Q}; +, -, \times, /, \%, \sqrt{x}, x^2, \sin, \cos, \tan, \exp, \ln \rangle$$

Hier ist es für den Normalbürger schlicht unmöglich, eine Rechnung eines $Q_3$-Rechners auf dem $Q_1$-Rechner nachzuvollziehen.

Wir sehen, daß die bloße Angabe der Trägermenge keine besondere Aussagekraft hat, wenn wir an Rechenprozesse denken; hier sind die operativen Fähigkeiten eines Datentyps wesentlich wichtiger. In der Mathematik nennt man die Kombination einer Menge mit bestimmten Operationen darauf eine *Algebra*.

Nach diesen Vorbereitungen ist die folgende Definition möglich:

**Definition 2.6 (Spezifikation)** Eine *(funktionale) Spezifikation* besteht aus den folgenden Komponenten:

**Deklarationen:** Vereinbart die problemspezifischen Objekte. Dazu gehören, je nach Anwendungsfall, die folgenden Teile:

    **Konstanten:** Vereinbart *Konstantenbezeichner* für problemspezifische Konstanten[2].

    **Typen:** Vereinbart problemspezifische Datentypen. Hierzu gehören Bezeichner für die Trägermengen, die wir hier *Typenbezeichner* nennen wollen und *Funktionsbezeichner* für die Operationen der Datentypen.

    **Funktionen:** Vereinbart *Funktionsbezeichner* für weitere problemspezifische Funktionen.

    **Prädikate:** Vereinbart *Prädikatsbezeichner* für problemspezifische Prädikate. Prädikate in diesem Zusammenhang sind Funktionen, die einen *Wahrheitswert* zurückgeben; siehe Anhang A.2.

---

[2]Konstanten im eigentlichen Sinne wie etwa in der Mathematik ($\pi$, $e$, ...) gibt es in der Informatik nicht. Hier gilt vielmehr die (nicht ganz ernstgemeinte) Aussage, daß Konstanten etwas weniger variabel sind als Variablen.

Einzelne Punkte hiervon können entfallen, falls sie nicht notwendig sind. Anderenfalls sind sie in der hier vorgestellten Reihenfolge aufzuführen. Der ganze „Deklarationen"-Teil kann entfallen.

**Eingabe:** Vereinbart *Variablenbezeichner* für die *Eingabeparameter* der Spezifikation. Den Variablenbezeichnern sind *Gegenstandsbereiche* (Typen) zuzuordnen, über denen diese Bezeichner variieren. Die vorher definierten Typenbezeichner können hier verwendet werden.

**Vorbedingung:** Eine Menge von Prädikaten, welche die Eingaben erfüllen sollen. Die vorher definierten Konstanten, Typen, Funktionen und Prädikate können hier verwendet werden. Normalerweise werden hier die Bezeichner der Eingabeparameter auch verwendet.

**Ausgabe:** Vereinbart *Variablenbezeichner* für die *Ausgabeparameter* der Spezifikation. Auch hier sind diesen Bezeichnern Typen zuzuordnen.

**Nachbedingung:** Eine Menge von Prädikaten, welche die Leistung des zu entwickelnden Algorithmus beschreibt. Hierin können ebenfalls alle problemspezifischen Objekte auftreten. Normalerweise treten hier auch die *Ausgabeparameter* auf.

Durch eine Spezifikation wird implizit eine (partielle) *Funktion* von den Eingabebereichen zu den Ausgabebereichen beschrieben. Von den wirklichen Objekten, auf denen hier operiert werden soll, wird dabei *abstrahiert*; sie treten nur in Form der Variablenbezeichner auf. Wir werden auf dieses Thema nochmals im Abschnitt 6.4 zurückkommen.

An dieser Stelle wollen wir das Thema „Spezifikationen" vorläufig abschließen, indem wir nochmals zusammenfassen:

**Zusammenfassung 2.7 (Spezifikationen)**

1. *Ohne Festlegung der Eingabe- und Ausgabereiche und des funktionalen Zusammenhangs zwischen Eingabe- und Ausgabewerten ist die Entwicklung eines Algorithmus sinnlos. Diese Festlegung wird durch eine Spezifikation getroffen.*

2. *Die Erstellung einer präzisen Spezifikation kann ein erheblicher Teil der gedanklichen Arbeit zur Problemlösung sein.*

*3. Die Spezifikation teilt die Verantwortlichkeit zwischen dem Programmierer und seinem Auftraggeber auf. Man kann sich vorstellen, daß die Spezifikation eine Art Vertrag beschreibt: Der Programmierer verpflichtet sich, daß sein Programm der Spezifikation entspricht und der Auftraggeber verpflichtet sich, das Programm nur entsprechend seiner Spezifikation einzusetzen. Vorsichtige Programmierer überprüfen die Einhaltung der Spezifikation (Vorbedingung) innerhalb des Programms selbst („robuste Programme").*

## 2.2 Algorithmen

Zuerst wollen wir den Begriff des Algorithmus etwas präziser fassen, als dies in der Einleitung geschehen ist:

**Definition 2.8 (Algorithmus)** Ein Algorithmus ist eine Menge von Regeln für ein Verfahren, um aus gewissen *Eingabegrößen* bestimmte *Ausgabegrößen* herzuleiten, wobei die folgenden Bedingungen erfüllt sein müssen:

**Finitheit der Beschreibung:** Das vollständige Verfahren muß in einem endlichen Text beschrieben sein. Die elementaren Bestandteile der Beschreibung nennen wir *Schritte*.

**Effektivität:** Jeder einzelne Schritt des Verfahrens muß tatsächlich ausführbar sein.

**Terminiertheit:** Das Verfahren kommt in endlich vielen Schritten zu einem Ende.

**Determiniertheit:** Der Ablauf des Verfahrens ist zu jedem Punkt fest vorgeschrieben.

**Bemerkung 2.9** Zu dieser Definition möchten wir noch einige Anmerkungen machen:

1. Es erscheint zuerst banal, zu verlangen, daß das Verfahren durch einen endlichen Text beschrieben sein muß, da niemand unendliche Texte aufschreiben kann. Manchmal kommen unendliche Texte aber „in Verkleidung", wie zum Beispiel in

$$\textit{Berechne } 1 + \frac{1}{2} + \frac{1}{4} + \frac{1}{8} \dots$$

Derartige Vorschriften gehören nicht in einen Algorithmus.

2. *Effektivität* (prinzipielle Machbarkeit) darf nicht mit *Effizienz* (wirtschaftlich vernünftige Machbarkeit) verwechselt werden. Ein Beispiel für einen nicht *effektiven* Rechenschritt wäre etwa:

> *Falls die Dezimalbruchentwicklung von x nur endlich oft die Ziffer 3 enthält, ist das Ergebnis 5.*

Die hier angegebene Bedingung läßt sich z.B. für $x = \pi$ nicht überprüfen. Ein nicht *effizienter* Rechenschritt demgegenüber wäre:

> *Berechne alle möglichen Fortsetzungen des gegebenen Schachspiels jeweils bis zum Spielende und suche danach den besten Folgezug aus.*

Dieser Rechenschritt ist effektiv durchführbar, wenn man voraussetzt, daß in absolut ausweglosen Situationen das Spiel durch *remis* abgebrochen wird. In diesem Fall gibt es zu jeder Schach-Stellung nur endlich viele Folge-Stellungen. Allerdings ist die Zahl der möglichen Fortsetzungen normalerweise so groß, daß wir sie weder alle (zum notwendigen Vergleich) speichern noch innerhalb eines Menschenlebens berechnen können.

3. Manchmal sieht man von der Forderung nach Terminiertheit ab, um eine größere Klasse von Problemen behandeln zu können. Bei diesen Algorithmen kann die Berechnung für manche Eingaben abbrechen, für andere ewig weiterlaufen.

4. Auch von der Forderung nach Determiniertheit wird manchmal abgesehen, was bedeutet, daß an manchen Stellen des Verfahrens eine Wahlmöglichkeit besteht, die nicht durch feste Regeln abgefangen wird. (Hier darf man „würfeln".)

In der Theoretischen Informatik beschäftigt man sich unter anderem mit dem Umkreis aller algorithmisch lösbaren Probleme und deren Komplexität sowie mit der algorithmischen Unlösbarkeit.

Hier interessieren wir uns mehr dafür, wie und nach welchen Regeln wir von einem Problem zu einer algorithmischen Lösung kommen. Wir werden feststellen, daß es sogenannte *Paradigmata* („Algorithmen-Grundmuster") gibt, die in ganzen Klassen von Problemen zu einer Lösung führen.

Wir betrachten jetzt den Algorithmenentwurf auf der Basis einer funktionalen Spezifikation, und zwar unter dem Gesichtspunkt, daß wir den Algorithmus auf einer bestimmten *Maschine* ausführen wollen. Dabei werden wir den Begriff „Maschine" sehr weit fassen, indem wir zu dem Begriff der *abstrakten Maschine* übergehen:

Eine abstrakte Maschine ist ein Mechanismus mit der Fähigkeit, bestimmte *Operationen* auf *Datenobjekten* auszuführen, wobei diese Objekte einem bestimmten *Datentyp* entstammen. Eine Maschine bietet jeweils nur eine endliche Zahl solcher Typen an und hat die Fähigkeit, eine begrenzte Anzahl von Objekten zu speichern. Außerdem wollen wir voraussetzen, daß eine abstrakte Maschine einen Algorithmus (ein Programm) ausführen kann, sofern er (es) nur Operationen der angebotenen Datentypen beinhaltet. Außerdem soll die abstrakte Maschine die Möglichkeit haben, Datenobjekte als *Eingabe* anzunehmen und als *Ausgabe* zu liefern.

Im Grunde genommen stellen wir uns unter einer abstrakten Maschine natürlich eine Art von Computer vor, aber es könnte auch eine klassische Rechenmaschine, ein Spielautomat oder gar der Sachbearbeiter im Finanzamt mit Bleistift, Papier und Formularen sein.

Algorithmenentwurf ist nun die Konstruktion einer Folge von abstrakten Maschinen. Natürlich beschreibt die Spezifikation selbst eine abstrakte Maschine mit der Fähigkeit (Operation), Eingaben, die die Vorbedingung erfüllen, in Ausgaben zu transformieren, die die Nachbedingung erfüllen. Wir wollen diese abstrakte Maschine die *Quellmaschine* nennen. Andererseits können wir natürlich auch die reale Maschine, auf der der Algorithmus ablaufen soll, als eine abstrakte Maschine betrachten, die wir *Zielmaschine* nennen. Die Kernfrage beim Algorithmenentwurf ist nun, wie gut Quell- und Zielmaschine zusammenpassen.

Wenn die Zielmaschine die Datentypen der Ein- und Ausgabe anbietet und die zu berechnende Funktion kennt, so brauchen wir keinen Algorithmus zu entwickeln: die Aufgabe ist bereits als gelöst zu betrachten. Wir wollen in diesem Fall von einem *elementaren Algorithmus* sprechen. (Beispiel: Addition auf einem Taschenrechner mit den vier Grundrechenarten.) Wenn die Zielmaschine nicht allzuweit von der Quellmaschine entfernt ist, können wir sogleich einen Algorithmus angeben, der der Spezifikation entspricht. (Beispiele: Prozentrechnung auf einem Taschenrechner mit den vier Grundrechenarten, Algorithmus 2.3.) Wenn die Zielmaschine und die Quellmaschine stärker voneinander abweichen, empfiehlt es sich, eine andere abstrakte Maschine als *Zwischenstufe* einzuführen. Wir beschreiben dann zwei Algorithmen:

1. die Realisierung (*„Implementierung“*) der Quellmaschine auf der Zwischenmaschine und

2. die Implementierung der Zwischenmaschine auf der Zielmaschine.

Auf diese Weise teilen wir die Arbeit in überschaubarere Teile auf, was Vorteile für die Verständlichkeit und auch für die Beweisbarkeit der Korrektheit unseres Algorithmus bietet.

Im allgemeinen Fall werden wir mit der einen Zwischenstufe nicht auskommen, sondern mehrere davon benötigen. Dann ist es interessant, auf welche Art wir dabei vorgehen:

**Top-Down-Methode:**  Hier gehen wir von der Quellmaschine aus. Wir entwickeln dann eine abstrakte Maschine $\mathcal{A}_1$, die etwas näher in Richtung Zielmaschine geht, aber nicht zu weit von der Quellmaschine entfernt ist. Die Quellmaschine wird dann mit Hilfe von (Unter-)Algorithmen auf der Maschine $\mathcal{A}_1$ implementiert und die Implementierung als korrekt bewiesen. Anschließend wird eine weitere Maschine $\mathcal{A}_2$ entwickelt, $\mathcal{A}_1$ auf $\mathcal{A}_2$ implementiert und so fort, bis wir bei der Zielmaschine angekommen sind. Das Verfahren heißt „Top-Down-Methode“, weil man von der Vorstellung ausgeht, daß die Quellmaschine logisch „höherstehend“ ist als die Zielmaschine. Insofern gehen wir hier also „von oben nach unten“ vor.

**Bottom-Up-Methode:**  Hier gehen wir von der Zielmaschine aus. Wir entwickeln dann eine abstrakte Maschine $\mathcal{A}_1$, die etwas höhere Fähigkeiten als die Zielmaschine hat und zwar solche, von denen wir vermuten, daß sie zur Lösung des ursprünglichen Problems beitragen können. $\mathcal{A}_1$ wird dann auf der Zielmaschine implementiert. Diesen Vorgang wiederholen wir so lange, bis wir bei der Quellmaschine angekommen sind. Wir arbeiten also „von unten nach oben“, deshalb „Bottom-Up-Methode“.

Im allgemeinen ist das Top-Down-Verfahren eher zu empfehlen; es erscheint logischer, weil wir ja auch mit der funktionalen Spezifikation beginnen und es einfacher ist, ein Problem in Teilprobleme zu zerlegen als eine Lösung aus Teillösungen zusammenzusetzen. Natürlich darf man bei der Top-Down-Entwicklung nie die Zielmaschine und ihre Fähigkeiten aus dem Auge verlieren, sonst wird man sicher falsche Zerlegungen durchführen. Ähnliches gilt auch für die Bottom-Up-Methode: Wenn man auf die Zielmaschine nach und nach kompliziertere abstrakte Maschinen aufsetzt, ohne dabei die letzten Endes zu implementierende Quellmaschine im Auge zu behalten, wird man wenig Erfolg haben. Insofern wird in der Praxis weder das reine Top-Down-Verfahren noch das reine Bottom-Up-Verfahren zum Erfolg führen; vielmehr wird man häufiger Fehler in der Entwicklung machen und gelegentlich Schritte wiederholen müssen.

Die Top-Down-Entwicklungsmethode läßt sich wie folgt beschreiben:

**Definition 2.10 (Top-Down-Entwicklungsmethode)** Die Entwicklung eines Algorithmus nach dem *Top-Down-Verfahren* findet in den folgenden Schritten statt:

1. Schreibe eine funktionale Spezifikation für das Problem.

2. Zerlege das Problem in Unterprobleme und schreibe für diese Unterprobleme Spezifikationen.

3. Beschreibe, wie sich die Lösungen der Unterprobleme zu einer Gesamtlösung kombinieren lassen. Beweise die Korrektheit der Gesamtlösung unter der Voraussetzung, daß die Teillösungen korrekt sind. Schätze den Aufwand des Algorithmus ab.

4. Entwerfe nach dem gleichen Schema Unteralgorithmen für die nicht-elementaren Unterprobleme.

Dies wollen wir an einem Beispiel vorführen. Die Aufgabe sei hierbei, die Position eines bestimmten Elements einer Menge $S$ innerhalb einer endlichen Folge von Elementen von $S$ anzugeben. Dabei nehmen wir an, daß alle Folgenelemente verschieden sind. Wenn das gesuchte Element in der Folge nicht vorkommt, soll die Position 0 ausgegeben werden.

**Spezifikation 2.11 (Suchproblem)** [Lo87]

**Eingabe:** Eine Folge $F = (A_1, \ldots, A_n)$, $n \geq 1$, $A_i \in S$ für $1 \leq i \leq n$ und eine Menge $S$ und ein $a \in S$.

**Vorbedingung:** $A_i \neq A_j$ für $i \neq j$.

**Ausgabe:** Position $p$ in $\{1, \ldots, n\}$ mit $A_p = a$, falls es eine solche Position gibt, sonst Ausgabe 0.

**Nachbedingung:**

$$((\forall j \in \{1, \ldots, n\})(j \neq p \Rightarrow a \neq A_j) \wedge a = A_p)$$

$$\vee((\forall j \in \{1, \ldots, n\})(a \neq A_j) \wedge p = 0)$$

Die Nachbedingung in dieser Spezifikation beschreibt etwas mehr, als hier unbedingt erforderlich wäre: Im Prinzip würde

$$A_p = a \vee p = 0$$

genügen; die anderen Bedingungen wären sowieso erfüllt, da wir vorausgesetzt haben, daß alle Elemente der Folge verschieden sind. Wir bleiben trotzdem bei der ausführlicheren Nachbedingung. Unser Ansatz zur Lösung des Problems besteht nun darin, die Nachbedingung in ihre Bestandteile aufzubrechen. Unter Berücksichtigung der Rechenregeln für die aussagenlogischen Operationen (Lemma A.14) können wir zunächst so umformulieren:

**Nachbedingung:**

$$(\forall j \in \{1, \ldots, n\})(j \neq p \Rightarrow a \neq A_j) \wedge (a = A_p \vee p = 0)$$

Wenn wir also die einzelnen Elemente der Folge mit $a$ vergleichen, so kommt es dabei offensichtlich nicht auf die Reihenfolge an. Wichtig ist lediglich, daß zu jedem Zeitpunkt die bereits betrachteten Elemente alle verschieden von $a$ waren und daß wir die Suche einstellen, wenn entweder alle Elemente betrachtet wurden oder ein $A_p = a$ gefunden wurde. Wir kommen daher zu folgender Zwischenstufe in unserem „Top-Down-Entwurf":

**Algorithmus 2.12 (Suchproblem, Zwischenstufe)**

**Variablen:** $p \in \mathbb{N}$

**Eingabe:** Eine Folge $F = (A_1, \ldots, A_n)$, $n \geq 1$, $A_i \in S$ für $1 \leq i \leq n$ und eine Menge $S$ und ein $a \in S$.

**Vorbedingung:** $A_i \neq A_j$ für $i \neq j$.

**Verfahren:**   1. *Wähle eine erste Suchposition $p$.*

2. Falls $a = A_p$ gilt, brich die Rechnung ab. Anderenfalls, wenn noch *eine neue Suchposition existiert, wähle eine neue Suchposition $p$.* Wenn keine neue Suchposition mehr existiert, setze $p$ auf 0 und brich ab, sonst wiederhole 2.

**Ausgabe:** $p$

**Nachbedingung:**

$$(\forall j \in \{1, \ldots, n\})(j \neq p \Rightarrow a \neq A_j) \wedge (a = A_p \vee p = 0)$$

Wir haben in dieser Algorithmenbeschreibung eine Neuerung im Deklarationsteil eingeführt: Es wird eine *Variable $p$* zur Verwendung innerhalb des Algorithmus deklariert. In diesem Fall ist $p$ auch gleichzeitig die Ausgabevariable, aber allgemein kann ein Algorithmus auch eine endliche Anzahl von *Hilfsvariablen* benötigen. Die Deklaration von Variablen *vor* ihrer ersten Benutzung begünstigt die Lesbarkeit für einen menschlichen Leser, hat aber auch, wie wir später sehen werden, Vorteile für die maschinelle Behandlung eines solchen Textes. Diese Beschreibung enthält drei *Unterprobleme*, die offensichtlich noch präzisiert werden müssen; wir haben sie hier durch *Schrägschrift* markiert:

1. *Wähle eine erste Suchposition.*

2. *Existiert eine neue Position?*

3. *Wähle eine neue Position.*

Hier müssen wir im nächsten Schritt eine sogenannte *Entwurfsentscheidung* treffen. Die Qualität des fertigen Algorithmus wird von der Güte der Entwurfsentscheidungen abhängen; eine in sehr frühem Stadium falsch getroffene Entwurfsentscheidung läßt sich oft nur unter hohem Aufwand rückgängig machen. Wir empfehlen daher die folgende

**Regel der minimalen Festlegung** [Lo87] Beim Algorithmenentwurf soll
dasjenige Unterproblem zuerst bearbeitet werden, dessen Lösung von
den übrigen am wenigsten abhängt und deshalb deren Lösung am wenigsten festlegt.

In unserem Beispiel ist das Unterproblem *Wähle eine erste Suchposition*
offensichtlich der geeignete Kandidat, da die beiden anderen Unterprobleme
miteinander verknüpft sind. Relativ logisch erscheint es, an einem der beiden
Enden der Folge mit dem Suchen zu beginnen, d.h. also mit $p = 1$ oder
$p = n$ anzufangen. Im Augenblick erscheint es jedoch nicht möglich, die
Entscheidung zwischen diesen beiden Alternativen auf eine sinnvolle Art zu
treffen.

Auch bei dem Problem der Auswahl einer neuen Position stellen wir
fest, daß wir hier eigentlich zuerst noch wissen müßten, in welcher *Form*
die Eingabefolge gegeben ist. Eine Eingabe auf einem Magnetband würde
z.B. ziemlich deutlich danach verlangen, mit $p = 1$ zu beginnen und dann
später die neue Suchposition entsprechend als $p + 1$ zu wählen, da dies die
Art ist, in der Magnetbänder gelesen werden. Andere Darstellungsformen,
bei denen wir auf jedes Folgenelement *direkt* zugreifen können, würden uns
dagegen jede Freiheit sowohl beim Beginn als auch bei der Auswahl einer
neuen Position geben. Ohne diese Probleme hier näher zu diskutieren, betrachten wir die nächstliegenden Möglichkeiten für die drei Unterprobleme
bei einer *sequentiellen* Vorgehensweise:

| *Wähle erste Position* | *Existiert neue Position?* | *Wähle neue Position* |
|---|---|---|
| Setze $p$ auf 1 | $p \overset{?}{<} n$ | Ersetze $p$ durch $p + 1$ |
| Setze $p$ auf $n$ | $p \overset{?}{>} 1$ | Ersetze $p$ durch $p - 1$ |

Durch Umkehrung der Frage „*Existiert neue Position?*" in „*Existiert
keine neue Position?*" erkennen wir, daß bei der Initialisierung von $p$ durch
$n$ *keine* neue Position mehr existiert, wenn $p = 1$ ist. Wenn wir also das
Erniedrigen von $p$ um 1 vorziehen, wird sich im Fall, daß $a$ nicht in der Folge
vorkommt, hier automatisch $p=0$ ergeben. Wir kommen daher zu folgendem
Algorithmus:

**Algorithmus 2.13 (Sequentielle Suche)**

**Variablen:** $p \in \mathbb{N}$

**Eingabe:** Eine Folge $F = (A_1, \ldots, A_n)$, $n \geq 1$, $A_i \in S$ für $1 \leq i \leq n$ und eine Menge $S$ und ein $a \in S$.

**Vorbedingung:** $A_i \neq A_j$ für $i \neq j$.

**Verfahren:**     1. Setze $p$ auf $n$.

            2. Falls $a = A_p$ gilt, brich die Rechnung ab. Anderenfalls ersetze $p$ durch $p - 1$. Falls $p = 0$, brich die Rechnung ab, sonst wiederhole Schritt 2.

**Ausgabe:** $p$

**Nachbedingung:**

$$(\forall j \in \{1, \ldots, n\})(j \neq p \Rightarrow a \neq A_j) \wedge (a = A_p \vee p = 0)$$

An dieser Stelle wollen wir kurz innehalten und unsere Notation für den *Verfahrensteil* unserer Algorithmenbeschreibungen verbessern. Bislang haben wir dort die natürliche Sprache verwendet, was teilweise etwas holprig wirkt und andererseits Anlaß zu Mißverständnissen geben kann. Im folgenden definieren wir in halbformaler Weise eine algorithmische Sprache „Pseudocode", welche zur Formulierung von Zwischenstufen in der Entwicklung auch natürlichsprachliche Sätze zuläßt, und zwar in der Form sogenannter *einfacher Befehlssätze*. Dies sind Sätze, die mit einem Verb in der Befehlsform beginnen und keine Nebensätze haben (d.h. insbesondere: jedes „wenn" und „aber" ist ausgeschlossen, da wir dies auf einer formaleren Stufe festlegen wollen). Da wir es hier nur mit Befehlssätzen zu tun haben, verzichten wir auf das emphatische Ausrufezeichen und benutzen statt dessen einfach einen Punkt am Satzende.

**Definition 2.14 (Pseudocode)** Ein Algorithmus in *Pseudocode* ist eine endliche Folge von sogenannten *Anweisungen* der folgenden Art:

1. Ein einfacher Befehlssatz der natürlichen Sprache ist eine Anweisung.

2. Ist $x$ eine Variable, die für diesen Algorithmus deklariert wurde und ist $\tau$ ein Ausdruck über den deklarierten (oder allgemein als bekannt vorauszusetzenden) Konstanten, Variablen und Funktionen, so ist

$$x := \tau$$

eine Anweisung. Sie wird gelesen als „ersetze $x$ durch $\tau$" oder kürzer „$x$ wird $\tau$". Eine solche Anweisung nennt man auch *Wertzuweisung*.

3. **exit** ist eine Anweisung.

4. Sind $\alpha_1, \ldots, \alpha_n$ Anweisungen und ist $\pi$ ein Ausdruck über den deklarierten (oder allgemein als bekannt vorauszusetzenden) Konstanten, Variablen, Funktionen und Prädikaten, der einer Aussage entspricht, oder ein elementarer Aussagesatz der natürlichen Sprache, so ist

$$
\begin{aligned}
&\textbf{while } \pi \ \textbf{do} \\
&\quad \alpha_1 \\
&\quad \vdots \\
&\quad \alpha_n \\
&\textbf{endwhile}
\end{aligned}
$$

eine Anweisung.

5. Sind $\alpha_1, \ldots, \alpha_n, \beta_1, \ldots, \beta_m$ Anweisungen und ist $\pi$ ein Ausdruck über den deklarierten (oder allgemein als bekannt vorauszusetzenden) Konstanten, Variablen und Prädikaten oder ein elementarer Aussagesatz der natürlichen Sprache, so sind

$$
\begin{aligned}
&\textbf{if } \pi \ \textbf{then} \\
&\quad \alpha_1 \\
&\quad \vdots \\
&\quad \alpha_n \\
&\textbf{endif}
\end{aligned}
$$

und

$$
\begin{aligned}
&\textbf{if } \pi \ \textbf{then} \\
&\quad \alpha_1 \\
&\quad \vdots \\
&\quad \alpha_n \\
&\textbf{else} \\
&\quad \beta_1 \\
&\quad \vdots \\
&\quad \beta_m \\
&\textbf{endif}
\end{aligned}
$$

Anweisungen. Wir wollen ferner vereinbaren, daß jedes **else** durch

**elsif** $\phi$ **then**
$$\gamma_1$$
$$\vdots$$
$$\gamma_k$$
**else**

ersetzt werden kann, wobei $\phi$ wiederum ein Prädikat und $\gamma_1,\ldots,\gamma_k$ eine Folge von Anweisungen ist.

Textteile, die zwischen *(* und *)* eingeschlossen sind, sollen als *Bemerkungen*, *Erklärungen* oder *Kommentare* betrachtet werden, die nicht zum eigentlichen Pseudocode gehören.

Bevor wir auf Einzelheiten des Pseudocode eingehen, wollen wir zunächst die Verfahren aus den Algorithmen 2.12 und 2.13 in Pseudocode angeben:

**Verfahren 2.12:**

```
Wähle eine erste Suchposition p.
while a ≠ A_p do
    if Es gibt noch eine neue Suchposition then
        Wähle eine neue Suchposition.
    else
        Setze p auf 0.
        exit
    endif
endwhile
```

**Verfahren 2.13:**

```
p  :=  n   (* Wähle eine erste Suchposition *)
while a ≠ A_p do
    p  :=  p - 1   (* Wähle eine neue Suchposition *)
    if p = 0 then   (* Es gibt keine neue Suchposition *)
        exit
    endif
endwhile
```

Die einfachen Befehlssätze der natürlichen Sprache aus Verfahren 2.12 treten in der sogenannten *Verfeinerung* des Verfahrens (2.13) als Kommentare auf, welche die ursprüngliche Absicht klarmachen sollen.

Pseudocode in der hier vorgestellten Form hat bereits große Ähnlichkeit zu den gängigen Programmiersprachen, macht sich jedoch von deren Einschränkungen frei. Auf zwei Einzelheiten, die bei Programmiersprachen jedoch freizügiger gehandhabt werden, möchten wir hier speziell hinweisen:

1. Im Pseudocode in der hier vorgestellten Fassung spielt die Aufteilung des Texts in *Zeilen* eine Rolle. Im wesentlichen steht in jeder Zeile eine Anweisung; ein eigenes Trennzeichen zwischen den Anweisungen gibt es nicht.

2. Wegen der besseren Übersicht bestehen wir auf der in Definition 2.14 angedeuteten Einrückungsstruktur.

Andererseits ist es wichtig, auf eine Eigenschaft hinzuweisen, die der Pseudocode mit modernen (sog. „strukturierten") Programmiersprachen gemeinsam hat: In der **while**-Anweisung und der **if**-Anweisung werden jeweils Gruppen von Anweisungen zu einer einzigen Anweisung zusammengefaßt, d.h. *Anweisungen können andere Anweisungen beinhalten.* Das ist im Prinzip nichts anderes als die von der Arithmetik oder Algebra gewohnte Tatsache, daß Terme andere Terme als Teilterme haben können. Die Rolle der *Klammern* übernehmen in diesem Zusammenhang die Wörter **while** (linke Klammer), **endwhile** (rechte Klammer dazu) bzw. **if–endif**. Diese Wörter nennt man deshalb auch *„syntaktische Klammern"*. Wenn wir also z.B. von *einer* **while**-*Anweisung* sprechen, so ist damit der ganze Text von **while** bis zum entsprechenden **endwhile** gemeint. Wir können **while** und **if** als *zusammengesetzte Anweisungen* bezeichnen, während die einfachen Befehlssätze, die Wertzuweisungen und **exit** *elementare Anweisungen* sind. Wenn wir uns auf die (Teil-) Anweisungen in einer zusammengesetzten Anweisung beziehen wollen, so sprechen wir von den Anweisungen im *Rumpf* einer **while**-Anweisung und von den Anweisungen im **then**-*Zweig* oder **else**-*Zweig* einer **if**-Anweisung.

Da wir den Pseudocode nur halbformal eingeführt haben, können wir auch nur halbformal erklären, welcher *Rechenvorgang* dadurch beschrieben wird:

**Definition 2.15 (Rechnung zu einem Algorithmus)** Ein Algorithmus sei in Pseudocode beschrieben. Der dadurch beschriebene Rechenvorgang besteht darin, die einzelnen Anweisungen in der angegebenen Reihenfolge nacheinander auszuführen. Wie dabei verfahren wird, erklären wir durch eine Fallunterscheidung über die möglichen Anweisungen:

1. Befehlssatz der natürlichen Sprache: wird ausgeführt.

2. Wertzuweisung $x := \tau$: Ermittle den Wert von $\tau$[3] und notiere ihn anschließend als neuen Wert von $x$.

3. **exit**: Falls **exit** im Rumpf einer **while**-Anweisung auftritt, beende die Ausführung der innersten **while**-Anweisung, in deren Rumpf **exit** vorkommt. Falls **exit** außerhalb jeder **while**-Anweisung vorkommt, beende den ganzen Rechenvorgang.

4. **while** $\pi$ **do** ... **endwhile**: Werte den Ausdruck $\pi$ aus. Wenn sich dabei F („falsch") ergibt, ist die Ausführung der **while**-Anweisung damit beendet. Im anderen Fall führe zuerst die einzelnen Anweisungen im Rumpf nacheinander aus; dann führe die *while*-Anweisung als ganzes erneut aus.

5. **if** $\pi$ **then** ... **else** ... **endif**: Werte den Ausdruck $\pi$ aus. Wenn sich dabei W ergibt, führe einzelnen Anweisungen im **then**-Zweig aus, wonach die Ausführung der **if**-Anweisung beendet ist. Anderenfalls sind drei Fälle möglich:

   (a) Die **if**-Anweisung enthält kein **else**. Dann ist die Ausführung der **if**-Anweisung beendet.

   (b) Es folgt ein **else**-Zweig: Führe die einzelnen Anweisungen hierin aus und beende dann die Ausführung der **if**-Anweisung.

   (c) Es folgt ein **elsif** $\phi$ **then** ...: Werte $\phi$ aus und verfahre dann entsprechend wie bei der **if**-Anweisung selbst.

Durch diese Definition bekommen auch Notationen wie $x := x - 1$ einen Sinn: Der Ausdruck $x-1$ wird ausgewertet; sein Wert wird der neue Wert von $x$. Liest man dagegen „:=" als „definiere gleich", so kann das nur zum Widerspruch führen. Im Pseudocode (wie auch in den Programmiersprachen)

---

[3]Wir werden später noch genauer definieren, wie das geschieht.

hat das Vorkommen eines Variablenbezeichners unterschiedliche Bedeutung je nach seinem Auftreten auf der linken oder rechten Seite des Zuweisungszeichens einer Wertzuweisung: Während auf der linken Seite „die Variable als solche" gemeint ist (was immer das sein mag!), ist auf der rechten Seite stets „der momentane Wert der Variablen" gemeint.

Im wesentlichen ist das, was wir in Definition 2.15 aufgeschrieben haben, natürlich auch ein Algorithmus. Bei genauem Hinsehen stellen wir fest, daß er im Bereich der **while**- und **if**-Anweisung *rekursiv* ist, d.h. er wendet sich selbst an, um seine Leistung zu erbringen. Bei solchen rekursiven Definitionen muß man sehr achtgeben, daß kein *circulus vitiosus* beschrieben wird. Es muß beweisbar sein, daß diese rekursive Anwendung des Algorithmus wohldefiniert beendet werden kann, so daß der übergeordnete Algorithmus seinerseits auch beendet werden kann. In diesem Beispiel sieht man relativ rasch ein, daß jede rekursive Anwendung des Algorithmus auf einem kleineren Textstück arbeitet und daß man deshalb notwendig bei den elementaren Anweisungen ankommen wird. Bei diesen wird die rekursive Anwendung dann beendet.

Rekursion ist ein unglaublich leistungsfähiges Beschreibungsmittel, das in der Regel sehr übersichtliche und verständliche Funktionsdefinitionen erlaubt. Es ist deshalb erstrebenswert, daß wir auch in unseren Algorithmenbeschreibungen Rekursion verwenden können. Durch Definition 2.14 werden rekursive Definitionen von Funktionen durch Algorithmen zunächst verboten, da in den Ausdrücken die hier zu definierende Funktion nicht vorkommen darf. Solche Algorithmen, zu denen auch der hier vorgestellte Algorithmus 2.13 gehört, nennt man *iterative* Algorithmen, weil die *Iteration* (Wiederholung in der **while**-Schleife) das einzige Mittel ist, mit dem nichttriviale Rechenprozesse beschrieben werden können. Die im folgenden vorgestellte Alternative zum Algorithmus 2.13 verwendet ein etwas laxeres Verständnis von Pseudocode, wobei Rekursion erlaubt ist, und zeigt im übrigen, daß die im Algorithmus 2.13 vorgestellte sequentielle Lösung bei weitem nicht die einzige Möglichkeit darstellte.

Die Idee bei dem neuen Verfahren ist folgende: Zu Beginn wählen wir eine beliebige Suchposition $p$ und prüfen, ob $A_p = a$ ist. Falls dies nicht der Fall ist, haben wir im Prinzip in den beiden Teilfolgen $(A_1, \ldots, A_{p-1})$ und $(A_{p+1}, \ldots, A_n)$ weiterzusuchen, sofern diese jeweils mindestens ein Element enthalten. Damit haben wir zwei neue Instanzen des ursprünglichen Problems, jedoch in jeweils kleinerem Maßstab. Wir wenden den Algorithmus dann rekursiv an, wobei wir sicher sein können, daß diese Rekursion enden wird.

Die Technik, ein Problem in kleinere Teile derselben Art aufzuteilen und diese getrennt zu betrachten, ist in vielen Fällen anwendbar. Es handelt sich hier um eines der angesprochenen *Paradigmata*. Man nennt es das „*divide-et-impera*"-*Paradigma (divide-and-conquer paradigm)*.

Es sei an dieser Stelle bemerkt, daß hier auch die Möglichkeit zur Geschwindigkeitssteigerung durch *Parallelisierung* besteht: Man könnte in den beiden Teilfolgen jetzt auch gleichzeitig suchen. Wir werden hier jedoch über Parallelisierungsmöglichkeiten bei Algorithmen nicht sprechen.

Gegenüber Spezifikation 2.11 brauchen wir noch eine leichte Verallgemeinerung, damit wir die Unterprobleme präzise bezeichnen können. Wir nehmen diese in der folgenden Algorithmen-Zwischenstufe gleich vor. Außerdem brauchen wir eine Bezeichnung für die von dem Algorithmus zu berechnende Funktion, damit wir den rekursiven Aufruf notationell eindeutig aufschreiben können. Wir legen diese Bezeichnung am Anfang der Algorithmenbeschreibung fest, wobei wir gleichzeitig den *Typ* der Funktion angeben. Unsere Eingaben sind dann numeriert entsprechend ihrer Nummer als Argument der Funktion.

**Algorithmus 2.16 (Suchproblem rekursiv, Zwischenstufe)**
Sei $S$ eine Menge, $S^*$ die Menge der endlichen Folgen über $S$. Der Algorithmus beschreibt eine Funktion

$$s : S^* \times S \times \mathbb{N} \times \mathbb{N} \longrightarrow \mathbb{N}$$

(Suchfunktion).

**Variablen:** $p, p' \in \mathbb{N}$

**Eingabe:**  1. Eine Folge $F = (A_1, \ldots, A_n) \in S^*$, $n \geq 1$,

  2. ein Element $a \in S$,

  3. $l \in \mathbb{N}$ (linker Suchrand) und

  4. $r \in \mathbb{N}$ (rechter Suchrand).

**Vorbedingung:** $A_i \neq A_j$ für $i \neq j \wedge 1 \leq l \wedge r \leq n$

**Verfahren:**

```
if l > r then     (* Leere Folge *)
   p := 0
else
    Wähle eine Position p zwischen l und r.
    if A_p ≠ a then   (* Noch nicht gefunden *)
        p' := s(F, a, l, p − 1)    (* Suche in linker Teilfolge *)
        if p' > 0 then     (* In linker Teilfolge gefunden *)
            p := p'
        else
            p := s(F, a, p + 1, r)     (* Suche in rechter Teilfolge *)
        endif
    endif
endif
```

**Ausgabe:** $p$

**Nachbedingung:**

$$(\forall j \in \{1, \dots, n\})(j \neq p \Rightarrow a \neq A_j) \wedge (a = A_p \vee p = 0)$$

Dieses Verfahren sieht auf den ersten Blick deutlich komplizierter aus als die entsprechende Zwischenstufe in 2.12. Das ist jedoch dadurch bedingt, daß wir hier ermöglichen müssen, daß nach dem Durchsuchen der linken Teilfolge auch die rechte noch durchsucht werden kann, wobei wir verhindern müssen, daß dieses Durchsuchen der rechten Teilfolge auch dann stattfinden kann, wenn die Suche in der linken Teilfolge bereits erfolgreich war. Hierzu wird auch die weitere Variable $p'$ benötigt, da wir beim Durchsuchen der linken Teilfolge nicht die ursprüngliche Suchposition $p$ verlieren dürfen. Reduziert man dieses Verfahren auf die sequentielle Suche entsprechend zu 2.13, so wählt man stets die Position $p := r$. Dann ist die rechte Teilfolge immer leer und wir können den entsprechenden Teil des Pseudocode weglassen. Es ergibt sich dann:

**Algorithmus 2.17 (Sequentielle Suche, rekursiv)** Gegenüber 2.16 tritt folgende Verfeinerung ein:

**Verfahren:**

```
if l > r then     (* Leere Folge *)
   p := 0
```

```
    else
        p := r    (* Wähle Suchposition am Ende *)
        if A_p ≠ a then    (* Noch nicht gefunden *)
            p := s(F, a, l, p − 1)    (* Suche rekursiv weiter *)
        endif
    endif
```

Der jetzt noch bestehende Unterschied in der Komplexität von 2.17 und 2.13 kommt daher, daß das Suchproblem jetzt allgemeiner formuliert worden ist. Davon abgesehen ist die Struktur des Programms hier einfacher als in 2.13: Wir haben hier keine **while**-Anweisung mehr[4].

Bevor wir weiter über diesen Algorithmus nachdenken, wollen wir zuerst darlegen, wie man sich Rechnungen entsprechend rekursiven Algorithmen vorzustellen hat. Bei der Befolgung von Definition 2.15 bekommt man offensichtlich einige Probleme, weil man beim Auftreten der Rekursion die augenblickliche Rechnung zugunsten einer Zwischenrechnung unterbrechen und später genau an dieser Stelle wieder aufnehmen muß. In großer Ähnlichkeit zu den Prozessen, die auch im Rechner bei der Abarbeitung rekursiver Programme ablaufen, definieren wir daher die Rechnung nach einem rekursiven Algorithmus mit Papier und Bleistift wie folgt:

**Definition 2.18 (Rechnung zu einem rekursiven Algorithmus)**
Gegeben sei

1. eine Beschreibung eines Algorithmus in Pseudocode auf Papier zur Berechnung einer Funktion $f(x_1, \ldots, x_n)$,

2. ein genügend großer Vorrat an Rechenblättern und

3. ein genügend großer Vorrat an Stecknadeln. An diese bringen wir kleine Papierfähnchen mit den Zahlen $1, 2, 3 \ldots$ an.

Dann wird mit einem *Stapel* von Rechenblättern wie folgt verfahren:

1. [Initialisierung]
Zu berechnen sei $f(a_1, \ldots, a_n)$. Nimm ein frisches Rechenblatt, lege es auf den Tisch und schreibe darauf $a_1$ als Wert von $x_1$ usf. bis zu $a_n$ als Wert von $x_n$.

---

[4]Allgemein gilt, daß eine while-Anweisung äquivalent zu einem rekursiven Aufruf ist.

2. [Berechnung nach Vorschrift]
   Rechne auf dem obersten Rechenblatt nach Vorschrift 2.15. Wenn dabei die gleiche Funktion $f$ mit Argumenten $b_1, \ldots, b_n$ auszuwerten ist, unternimm die folgenden Schritte:

   (a) Nimm ein frisches Rechenblatt, lege es zuoberst auf den Stapel und notiere darauf $b_1$ als Wert von $x_1$ usf. bis zu $b_n$ als Wert von $x_n$.

   (b) Steche das Fähnchen mit der niedrigsten verfügbaren Nummer in den entsprechenden Buchstaben $f$ in der Algorithmenbeschreibung .

   (c) Beginne erneut bei Schritt 2. („Zurücklaufen" = „Rekursion"!)

3. [Ende?]
   Wir sind am Ende der Berechnungsvorschrift angelangt; auf dem Rechenblatt steht in der Ausgabevariablen ein Wert von $f$. Falls nur noch ein Rechenblatt auf dem Tisch liegt, ist die Rechnung beendet; dieses Blatt enthält den gesuchten Wert $f(a_1, \ldots, a_n)$. (Kontrolle: Es dürfen keine Fähnchen mehr in der Beschreibung stecken!) Anderenfalls unternimm die folgenden Schritte:

   (a) Nimm das oberste Rechenblatt vom Stapel, übertrage den Funktionswert auf das zweitoberste Blatt und wirf das oberste weg.

   (b) Entferne das Fähnchen mit der höchsten Nummer aus der Algorithmenbeschreibung und setze die Berechnung an dieser Stelle fort.

Als Beispiel für dieses Verfahren betrachten wir eine andere Verfeinerung der Algorithmen-Zwischenstufe 2.16 als die in 2.17 angegebene: Hier wählen wir als erste Suchposition $p$ eine Stelle, die möglichst in der Mitte zwischen $l$ und $r$ liegt, indem wir nämlich $l + r$ ganzzahlig durch 2 teilen. (Die ganzzahlige Division sei durch das Operationssymbol **div** bezeichnet.) Man nennt dieses Verfahren *binäre Suche* wegen der Zweiteilung der Suchfolge.

**Beispiel 2.19** Zur Kontrolle des Rechenablaufs verwenden wir numerierte Rechenblätter. Zu berechnen sei $s(F, 9, 1, 5)$ für $F = (1, 17, 5, 9, 7)$. Unser erstes Rechenblatt beginnt daher so:

$$
\begin{array}{lcl}
1 & & \\
F & = & (1,17,5,9,7) \\
a & = & 9 \\
l & = & 1 \\
r & = & 5 \\
p & = & \\
p' & = &
\end{array}
$$

Offensichtlich ist $1 \not> 5$, also fahren wir fort mit $p = (1+5)\,\mathrm{div}\,2 = 3$. Die Frage $A_p \overset{?}{=} a$ lautet jetzt $5 \overset{?}{=} 9$ und wird mit F beantwortet. Wir haben deshalb jetzt $p' := s(F,9,1,2)$ auszuwerten. Das Fähnchen mit der Nummer 1 wird in das erste $s$ (Zeile 9 des Algorithmus) gesteckt und unser Stapel sieht bald wie folgt aus:

$$
\begin{array}{lcl}
2 & & \\
F & = & (1,17,5,9,7) \\
a & = & 9 \\
l & = & 1 \\
r & = & 2 \\
p & = & 1 \\
p' & = &
\end{array}
$$

da $(1+2)\,\mathrm{div}\,2 = 3\,\mathrm{div}\,2 = 1$ ist. Offensichtlich gilt wieder $A_p \neq a$ $(1 \neq 9)$, so daß wir jetzt $p' := s(F,9,1,0)$ auswerten müssen. Eine kurze Überlegung zeigt, daß wir von diesem Aufruf sofort mit Funktionswert 0 zurückkehren, weil hier $l > r$ gilt[5]. Wir unterdrücken diese Zwischenrechnung (auf Rechenblatt 3) deshalb hier, stecken jetzt das Fähnchen mit der Nummer 2 in die zweitletzte Zeile der Algorithmenbeschreibung und fahren mit der Anweisung $p := s(F,9,2,2)$ fort:

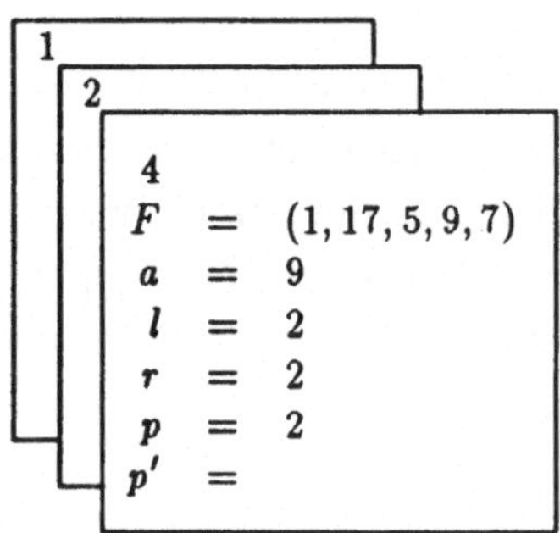

$$
\begin{array}{lcl}
4 & & \\
F & = & (1,17,5,9,7) \\
a & = & 9 \\
l & = & 2 \\
r & = & 2 \\
p & = & 2 \\
p' & = &
\end{array}
$$

---

[5]Ein geschickter Programmierer wird versuchen, derartige unnötige Aufrufe zu vermeiden. Wir werden später noch eine iterative Version der binären Suche betrachten.

Es gilt $A_p \neq a$ ($17 \neq 9$). Den unnötigen Aufruf $p' := s(F, 9, 2, 1)$ unterdrücken wir hier wiederum (Rechenblatt 5), ebenso wie $p := s(F, 9, 3, 2)$ (Rechenblatt 6). Im nächsten Schritt wird deshalb das Fähnchen Nummer 2 aus der Algorithmenbeschreibung entfernt und Rechenblatt 4 weggeworfen, nachdem wir den Wert $p = 0$ auf Rechenblatt 2 notiert haben:

$$
\begin{array}{lcl}
\multicolumn{3}{l}{2} \\
F &=& (1, 17, 5, 9, 7) \\
a &=& 9 \\
l &=& 1 \\
r &=& 2 \\
p &=& 0 \\
p' &=& 0
\end{array}
$$

Da wir damit am Ende dieser Zwischenrechnung angekommen sind, wird auch das Fähnchen Nummer 1 entfernt und Rechenblatt 2 weggeworfen, nachdem wir $p' = 0$ auf Blatt 1 notiert haben:

$$
\begin{array}{lcl}
\multicolumn{3}{l}{1} \\
F &=& (1, 17, 5, 9, 7) \\
a &=& 9 \\
l &=& 1 \\
r &=& 5 \\
p &=& 3 \\
p' &=& 0
\end{array}
$$

Da $p' = 0$ ist, müssen wir jetzt die Zuweisung $p := s(F, 9, 4, 5)$ ausführen. Dazu kommt Fähnchen Nummer 1 in die vorletzte Zeile der Algorithmenbeschreibung und ein neues Blatt auf den Rechenstapel:

$$
\begin{array}{lcl}
\multicolumn{3}{l}{7} \\
F &=& (1, 17, 5, 9, 7) \\
a &=& 9 \\
l &=& 4 \\
r &=& 5 \\
p &=& 4 \\
p' &=&
\end{array}
$$

Hier gilt nun $A_p = a$ ($9 = 9$), weswegen Blatt 7 und Fähnchen 1 entfernt werden, nachdem der Funktionswert als $p'$ auf Blatt 1 übertragen worden ist. Blatt 1 sieht jetzt so aus:

$$
\begin{array}{rcl}
1 \\
F &=& (1,17,5,9,7) \\
a &=& 9 \\
l &=& 1 \\
r &=& 5 \\
p &=& 3 \\
p' &=& 4
\end{array}
$$

Wegen $p' > 0$ wird jetzt $p = 4$ notiert und die Rechnung beendet. Die Ausgabe ist 4.

## 2.3  Verifikation von Algorithmen

Vornehmstes Ziel der Algorithmenentwicklung ist es, einen *korrekten* Algorithmus herzuleiten, d.h. einen Algorithmus, bei dem die Einhaltung der Vorbedingung und die strikte Befolgung der Rechenvorschriften die Gültigkeit der Nachbedingung impliziert. In der Programmierwelt hat es sich eingebürgert, die „Korrektheit" eines Programms durch *Testen* nachzuweisen. Hierbei wird einem Programm eine gewisse Auswahl möglichst charakteristischer oder repräsentativer Eingaben (*Testfälle* genannt) vorgelegt und die Ausgaben des Programms mit den laut Spezifikation erwarteten Ausgaben verglichen. Stimmen die Ausgaben des Programms mit den erwarteten Ausgaben überein, so betrachtet man es als korrekt. In unserem Suchbeispiel (Spezifikation 2.11, Algorithmus 2.13 oder 2.17) wären etwa die folgenden Typen von Eingabefolgen natürliche Kandidaten für solche Testfälle:

1. Das gesuchte Element kommt in der Eingabefolge nicht vor (bzw. die Eingabefolge ist leer).

2. Das gesuchte Element ist das erste (letzte) Element der Folge.

3. Das gesuchte Element kommt im Inneren der Folge vor.

Leider hat es sich herausgestellt, daß häufiger Programme, die bereits seit Jahren (scheinbar) fehlerfrei laufen, plötzlich unerwartet „abstürzen" oder fehlerhafte Resultate liefern. Die Ursache ist dann, daß eine bestimmte Konfiguration in den Eingabedaten aufgetreten ist, die beim Algorithmenentwurf und bei der Auswahl der Testfälle nicht bedacht wurde. Professionelle Software-Entwickler lassen daher in der Regel die Testfälle von Personen auswählen, die mit der Algorithmenentwicklung selbst nichts zu tun hatten, um diese Fehlerquelle einzuschränken. Letzten Endes müssen wir uns jedoch der Erkenntnis stellen, daß nur ein sogenannter *erschöpfender Test* unter Vorlage *aller* möglichen Eingaben die Korrektheit eines Programms nachweisen könnte. Da der Definitionsbereich der Programme in der Regel jedoch unendlich ist, ist ein solcher erschöpfender Test prinzipiell nicht möglich. Ein „Programmbeweis" durch Testen entspricht daher einem „Beweis durch Beispiel", der in der Mathematik zu Recht verpönt ist.

**Regel vom Testen:** Durch Testen kann man nur die *Anwesenheit* von Fehlern nachweisen, nicht aber deren *Abwesenheit*.

Wir wollen also einen Algorithmus als korrekt *beweisen*, wozu uns die (in der Algorithmenbeschreibung enthaltene) formale Spezifikation mit Vor- und Nachbedingungen den geeigneten Rahmen schafft. Dabei sollen ab jetzt nur noch Algorithmen betrachtet werden, die keine Befehlssätze der natürlichen Sprache mehr enthalten, denn über diese ließe sich nicht formal argumentieren.

**Definition 2.20 (Korrektheit)** Ein Algorithmus $A$ mit Vorbedingung $P$, Nachbedingung $Q$ und einem Verfahren $A$ in Pseudocode heißt *korrekt* $\overset{\text{def}}{\Longleftrightarrow}$ Für jede Eingabe, welche die Vorbedingung $P$ erfüllt, hält die Ausführung des Verfahrens (nach Def. 2.15 bzw. 2.18) an und die Ausgabe erfüllt die Nachbedingung $Q$.

In der Praxis stellt man bald fest, daß es günstiger ist, die Frage der *Termination* (d.h. also des Anhaltens der Ausführung von $A$) und die Frage der Einhaltung der Nachbedingung voneinander zu trennen. Man spricht dann von *partieller Korrektheit*, die man innerhalb eines von C.A.R. HOARE [Ho69] vorgeschlagenen Kalküls wie folgt beweist:

1. Zerlege das Verfahren in seinen einzelnen Anweisungen und füge vor (und nach) jeder Anweisung geeignete Vor- bzw. Nachbedingungen ein. Zeige, daß die einzelnen Anweisungen bezüglich dieser Bedingungen partiell korrekt sind.

2. Beweise die Korrektheit des gesamten Verfahrens aus der Korrektheit der einzelnen Anweisungen.

**Definition 2.21 (Partielle Korrektheit)** Ein Algorithmus $\mathcal{A}$ mit Vorbedingung $P$, Nachbedingung $Q$ und einem Verfahren $A$ in Pseudocode heißt *partiell korrekt* $\overset{\text{def}}{\Longleftrightarrow}$ Für jede Eingabe, welche die Vorbedingung $P$ erfüllt und für welche die Ausführung des Verfahrens $A$ (nach Def. 2.15 bzw. 2.18) terminiert, erfüllt die Ausgabe die Nachbedingung $Q$.

Dazu führen wir jetzt die folgenden, ebenfalls von Hoare stammenden *Verifikationsformeln* der Gestalt

$$\{P\}A\{Q\}$$

ein, um auszusagen: *Wenn eine Vorbedingung P vor Ausführung eines Pseudocode-Verfahrens A gilt und wenn die Ausführung von A terminiert, so gilt nachher die Nachbedingung Q.*

Trivialerweise gilt $\{P\}A\{Q\}$ für jedes beliebige $Q$, wenn $P$ nicht erfüllbar (immer falsch) ist oder die Ausführung von $A$ niemals anhält.

Der Hoare-Kalkül wurde für Algorithmen ohne Rekursion, ohne **elsif**- und ohne **exit**-Anweisungen formuliert. Wir betrachten daher hier zunächst nur diesen Fall. Im folgenden stellen wir die sogenannten *Verifikationsregeln* vor; diese bestehen aus einem *Axiom* für die Wertzuweisung und mehreren *Inferenzregeln* (Schlußregeln), welche es erlauben, Korrektheitsaussagen für Teilanweisungen einer zusammengesetzten Anweisung zu Korrektheitsaussagen für die ganze zusammengesetzte Anweisung zu kombinieren. Diese Inferenzregeln schreiben wir in der Form

$$\frac{\alpha}{\beta} \quad \text{oder} \quad \frac{\alpha_1 \;\ldots\; \alpha_n}{\beta}\,.$$

Der Teil oberhalb des Striches heißt *Prämisse*; dies sind die Voraussetzungen, unter denen die Regel angewendet werden darf. Jedes $\alpha_i$ ist dabei entweder ein Verifikationsausdruck der Form $\{P\}A\{Q\}$ oder eine beliebige logische Formel, deren Gültigkeit separat bewiesen wurde. Alle $\alpha_i$ gelten dabei als mit „und" verknüpft. Der Teil unterhalb des Striches heißt *Konsequenz*; dies ist ein Verifikationsausdruck, dessen Gültigkeit wir nun aufgrund der Regel folgern dürfen.

**Definition 2.22 (Verifikationsregeln)** Im folgenden seien $P, Q, R, \pi$ Prädikatsausdrücke, $\tau$ ein Funktionsausdruck und $A, A_1, A_2$ Pseudocode-Anweisungen ohne **exit**, **elsif** und Rekursion. Die Verifikationsregeln des Hoare-Kalküls sind dann:

**Zuweisungsaxiom:**

$$\{P(\tau)\}x := \tau\{P(x)\}$$

**Sequenzregel:**

$$\frac{\{P\}A_1\{Q\} \quad \{Q\}A_2\{R\}}{\{P\}A_1\ A_2\{R\}}$$

**Alternativregeln:**

$$\frac{\{P \wedge \pi\}A\{Q\} \quad (P \wedge \neg\pi) \Rightarrow Q}{\{P\}\text{if } \pi \text{ then } A \text{ endif}\{Q\}}$$

und

$$\frac{\{P \wedge \pi\}A_1\{Q\} \quad \{P \wedge \neg\pi\}A_2\{Q\}}{\{P\}\text{if } \pi \text{ then } A_1 \text{ else } A_2 \text{ endif}\{Q\}}$$

**Iterationsregel:**

$$\frac{\{P \wedge \pi\}A\{P\}}{\{P\}\text{while } \pi \text{ do } A \text{ endwhile}\{P \wedge \neg\pi\}}$$

**Konsequenzregeln:** Regel von der stärkeren Vorbedingung:

$$\frac{R \Rightarrow P \quad \{P\}A\{Q\}}{\{R\}A\{Q\}}$$

Regel von der schwächeren Nachbedingung:

$$\frac{\{P\}A\{Q\} \quad Q \Rightarrow R}{\{P\}A\{R\}}$$

**Bemerkung 2.23** Wir möchten die Einzelheiten dieser Definition etwas kommentieren:

1. Das Zuweisungsaxiom besagt: „Wenn vor der Zuweisung $x := \tau$ das Prädikat $P$ für den Term $\tau$ gilt, dann gilt es nachher für die Variable $x$".

2. Bei der Sequenzregel haben wir die Folge von Anweisungen $A_1, A_2$ ausnahmsweise nebeneinander geschrieben statt untereinander, wie es von Definition 2.14 gefordert würde. Ähnlich verfahren wir mit **while**- und **if**-Anweisungen.

3. Bei der Alternativregel müssen wir den Fall eines **if** ohne **else** von dem
   Fall des **if** mit **else** unterscheiden. In jedem Fall geht in die Prämisse
   das Prädikat $P$, welches den Zustand der Variablen an dieser Stelle
   beschreibt, und die Bedingung $\pi$ ein.

4. Bei der Iterationsregel bezeichnet man das Prädikat $P$ als *Schleifeninvariante*, da es vom Rumpf der Schleife nicht verändert wird. Die
   Aussage der Iterationsregel ist: Wenn ein Prädikat $P$ beim Eintritt in
   die Schleife gilt und wenn es nach einer von der Schleifenbedingung
   zugelassenen Ausführung des Rumpfs immer noch gilt, so gilt es auch
   nach Ausführung der gesamten Schleife. Die Schleifenbedingung $\pi$ gilt
   dann nicht mehr, weil wir sonst die Schleife nicht hätten verlassen
   können. Die Iterationsregel bietet somit die Möglichkeit, (induktiv)
   von einem Schleifendurchlauf auf alle Schleifendurchläufe zu schließen.

5. Die Konsequenzregeln sind rein logische Regeln, die mit dem Pseudocode als solchem nichts zu tun haben. Wir brauchen sie aber, um Korrektheitsaussagen für den gesamten Algorithmus ableiten zu können.

Den folgenden Satz werden wir hier nicht beweisen:

**Satz 2.24** *[Ho69] Gegeben sei ein Algorithmus $A$ mit Vorbedingung $P$, Nachbedingung $Q$ und einem Verfahren $A$ in Pseudocode ohne* **exit** *und* **elsif**.
*Wenn sich durch sukzessive Anwendung der Verifikationsregeln aus Def. 2.22
die Formel $\{P\}A\{Q\}$ herleiten läßt, dann ist $A$ partiell korrekt.*

Die schwierigste Leistung bei der Verifikation eines Algorithmus ist das
Auffinden der Schleifeninvarianten. Die übrigen Verifikationsformeln kann
man regelrecht „ausrechnen"; in der Tat gibt es Programme, die dies mit
gutem Erfolg tun und auch die Gültigkeit der Verifikationsformeln nachprü-
fen. Das Auffinden einer Schleifeninvarianten erfordert jedoch in der Regel
ein präzises Verständnis der Arbeitsweise der Schleife. Ein Ausrechnen ist
hier schwierig, weil die Invariante bei der Prämisse sowohl in der Vorbedingung als auch in der Nachbedingung vorkommt. Wir können deshalb
nicht darauf hoffen, eine solche Invariante in allen Fällen automatisch (algorithmisch) auffinden zu lassen, sondern müssen darauf bestehen, daß der
Programmierer (Entwerfer des Algorithmus) diese mitliefert. In letzter Konsequenz bedeutet das, daß man beim Algorithmenentwurf *zuerst* die Schleifeninvariante aufschreibt, da diese ja die Absicht der Schleifenkonstruktion

beschreibt, und dann erst den Pseudocode für die Schleife. Bezüglich des Problems der Programmverifikation bedeutet dies: Konstruktion zur Korrektheit anstatt nachträglicher Verifikation.

Schleifen haben, was aus der Syntax unseres Pseudocodes nicht so klar hervorgeht, prinzipiell die folgenden drei Teile:

**Initialisierung:** Hier wird mindestens eine Variable auf einen bestimmten Wert gesetzt und somit dafür gesorgt, daß die Schleifeninvariante beim ersten Betreten der Schleife erfüllt ist.

**Test:** Dies ist die Bedingung $\pi$ in **while** $\pi$ **do** $A$ **endwhile**. Hier wird von mindestens einer Variablen der Wert abgefragt. Die Schleifenausführung endet, wenn der Wert die geforderte Bedingung nicht erfüllt. Da die Variable somit die Ausführung der Schleife kontrolliert, nennen wir sie *Kontrollvariable* der Schleife. Eine Schleife kann mehrere Kontrollvariablen haben.

**Rumpf:** Die Anweisung $A$. Wenn die Schleife eine Chance haben soll, jemals zu terminieren, muß im Rumpf der Wert der Kontrollvariablen verändert werden.

An einem simplen Beispiel wollen wir die Verifikation eines Algorithmus vorführen:

**Algorithmus 2.25 (Summation)**

**Variablen:** $s \in \mathbb{R}, i \in \mathbb{N}$

**Eingabe:** Eine Folge $F = (A_1, \ldots, A_n)$ mit $A_i \in \mathbb{R}$

**Vorbedingung:** $W^6$ (d.h. keine Vorbedingung)

**Verfahren:**

$$i := 1$$
$$s := 0$$
$$\textbf{while } i \leq n \textbf{ do } \{s = \textstyle\sum_{j=1}^{i-1} A_j\}$$
$$s := s + A_i$$
$$i := i + 1$$
$$\textbf{endwhile}$$

---

[6] logisch „Wahr", siehe Anhang A.2.

**Ausgabe:** $s$

**Nachbedingung:** $s = \sum_{j=1}^{n} A_j$

Wir haben hier die Schleifeninvariante hinter „**do**" aufgeschrieben, was wir ab sofort als guten Stil betrachten wollen. Die Verifikation dieses Algorithmus geschieht dann in den folgenden Schritten:

1. Zuerst beweisen wir, daß die Schleifeninvariante gilt, wenn wir die Schleife zum ersten Mal betreten. Aus dem Zuweisungsaxiom folgt zuerst

$$\{W\}\ i := 1\ \ s := 0\ \{i = 1 \wedge s = 0\}\ .$$

Wegen $\sum_{j=1}^{0} A_j = 0$ gilt dann auch

$$i = 1 \wedge s = 0 \Rightarrow s = \sum_{j=1}^{i-1} A_j\ .$$

2. Jetzt zeigen wir, daß die Invariante in der Tat von einem Schleifendurchlauf zum nächsten erhalten bleibt, d.h.:

$$\{s = \sum_{j=1}^{i-1} A_j \wedge i \le n\}\ s := s + A_i\ \ i := i + 1\ \{s = \sum_{j=1}^{i-1} A_j\}\ .$$

Zunächst gilt nämlich:

$$\{s = \sum_{j=1}^{i-1} A_j \wedge i \le n\}\ s := s + A_i\ \{s = (\sum_{j=1}^{i-1} A_j) + A_i \wedge i \le n\}\ ,$$

also

$$\{s = \sum_{j=1}^{i-1} A_j \wedge i \le n\}\ s := s + A_i\ \{s = \sum_{j=1}^{(i+1)-1} A_j \wedge i \le n\}\ .$$

Weiter folgt

$$\{s = \sum_{j=1}^{(i+1)-1} A_j \wedge i \le n\}\ i := i + 1\ \{s = \sum_{j=1}^{i-1} A_j\}$$

nach dem Zuweisungsaxiom. Also gilt die Schleifeninvariante nach der Sequenzregel.

3. Nach der Iterationsregel erhalten wir dann als Nachbedingung für die
ganze Schleife:

$$\{s = \sum_{j=1}^{i-1} A_j \wedge \neg(i \leq n)\}$$

$$\Leftrightarrow \quad \{s = \sum_{j=1}^{i-1} A_j \wedge i > n\} \ .$$

An dieser Stelle müssen wir wegen der schrittweisen Erhöhung von $i$
um 1 unsere Kenntnis einfließen lassen, daß „$i > n$" in diesem Fall
gleichbedeutend ist mit „$i = n + 1$". Wir erhalten also als Nachbedingung

$$\{s = \sum_{j=1}^{i-1} A_j \wedge i = n + 1\}$$

$$\Leftrightarrow \quad \{s = \sum_{j=1}^{n} A_j\} \ ,$$

d.h. die geforderte Nachbedingung des Algorithmus. Damit ist der
Algorithmus als korrekt bewiesen.

**Beispiel 2.26** Als weiteres Beispiel wollen wir die sequentielle Suche aus
2.13 verifizieren. Dieses Verfahren enthält eine **exit**-Anweisung, mit der
wir in diesem Kalkül nicht umgehen können. Wir eliminieren die **exit**-
Anweisung durch einen häufig angewendeten Trick: Wir verlängern die Folge
$A_1, \ldots, A_n$ am Anfang um ein „Pseudoelement" $A_0$, welches wir mit dem
Suchwert $a$ initialisieren. Dann wird bei der sequentiellen Suche das gesuchte $a$ in jedem Fall gefunden, und zwar in Position 0, wenn es unter
den $A_1, \ldots, A_n$ nicht vorkommt. Das Verfahren lautet dann mit Vor- und
Nachbedingung und Schleifeninvariante:

$\{i \neq j \Rightarrow A_i \neq A_j\}$
$p := n$
$A_0 := a$
**while** $A_p \neq a$ **do** $\{(\forall\, i \in \mathbb{N})\ p < i \leq n \Rightarrow A_i \neq a\}$
$\quad p := p - 1$
**endwhile**
$\{(\forall\, i \in \{1, \ldots, n\})\ (i \neq p \Rightarrow A_i \neq a) \wedge (A_p = a \vee p = 0)\}$

Wir verifizieren dies wie oben:

1. Beim ersten Eintritt in die Schleife gilt $p = n$; es gibt also gar kein $i \in \mathbb{N}$ mit $p < i \leq n$; deshalb ist die Schleifeninvariante (als Aussage über die leere Menge) erfüllt.

2. Die Invariante bleibt während eines Schleifendurchlaufs erhalten: Die Bedingung

$$\{((\forall i \in \mathbb{N})p < i \leq n \Rightarrow A_i \neq a) \wedge (A_p \neq a)\}$$

(„$P \wedge \pi$") ist äquivalent zu

$$\{(\forall i \in \mathbb{N})p - 1 < i \leq n \Rightarrow A_i \neq a\} \ .$$

Mit dem Zuweisungsaxiom folgt dann

$$\{(\forall i \in \mathbb{N})p-1 < i \leq n \Rightarrow A_i \neq a\} \ p := p-1 \ \{(\forall i \in \mathbb{N})p < i \leq n \Rightarrow A_i \neq a\} \ .$$

3. Anwendung der Iterationsregel liefert jetzt als Nachbedingung der ganzen Schleife:

$$\{((\forall i \in \mathbb{N})p < i \leq n \Rightarrow A_i \neq a) \wedge \neg(A_p \neq a)\}$$
$$\Leftrightarrow \quad \{((\forall i \in \mathbb{N})p < i \leq n \Rightarrow A_i \neq a) \wedge A_p = a\} \ .$$

Das ist nicht genau die Nachbedingung, die wir haben wollten; es ist noch etwas Arbeit zu leisten:

4. Wir unterscheiden die Fälle $p = 0$ und $p > 0$. Im Fall $p = 0$ lautet die errechnete Nachbedingung

$$\{((\forall i \in \mathbb{N})0 < i \leq n \Rightarrow A_i \neq a) \wedge A_0 = a\} \ .$$

Da $p = 0$ gilt, dürfen wir es nach den Konsequenzregeln getrost mit in die Nachbedingung aufnehmen und so umformulieren:

$$(\forall i \in \{1, \ldots, n\}A_i \neq a \wedge A_0 = a \wedge p = 0\} \ ,$$

woraus für diesen Fall die Gültigkeit der geforderten (schwächeren) Nachbedingung folgt. Im Fall $p > 0$ erhalten wir zunächst als errechnete Nachbedingung, ebenfalls nach einer leichten Umformulierung:

$$\{(\forall i \in \{p + 1, \ldots, n\}A_i \neq a \wedge A_p = a\} \ .$$

Im Vergleich zur geforderten Nachbedingung fehlt uns jetzt noch die Aussage

$$(\forall i \in \{1, \ldots, p-1\}) A_i \neq a \ .$$

Wegen $A_p = a$ und der Vorbedingung $i \neq j \Rightarrow A_i \neq A_j$ folgt dies jedoch sofort. Damit ist der Algorithmus verifiziert.

Die Verifikation von Algorithmen mit Rekursion ist etwas aufwendiger. Hier müssen wir einen induktiven Beweis führen, bei dem man zunächst die Korrektheit der rekursiven Aufrufe (mit entsprechend kleinerem Problem) voraussetzt, um die Korrektheit des augenblicklichen Aufrufs zu beweisen. Da Rekursion sehr häufig im Zusammenhang mit abstrakten Datentypen auftritt, verschieben wir diese Diskussion in das entsprechende Kapitel 6.

## 2.4 Termination

Wenn ein Algorithmus als partiell korrekt bewiesen ist, bleibt immer noch das Problem, nachzuweisen, daß er auch terminiert. Hierzu ist zweierlei zu bemerken:

1. Formal ist die Termination von Algorithmen unentscheidbar, d.h. es gibt keinen Algorithmus, welcher von allen Algorithmen feststellt, ob sie bei einer bestimmten Eingabe terminieren werden. Allerdings sind viele interessante Eigenschaften von Programmen formal unentscheidbar.

2. In der Praxis ist die Termination von Algorithmen nicht unbedingt die Kernfrage. Wir erwähnten bereits zuvor den Unterschied zwischen Effektivität (prinzipieller Machbarkeit) und Effizienz (wirtschaftlich vernünftiger Machbarkeit). Wenn man von einem Algorithmus also die Termination nachweist, wozu es viele Methoden gibt, so ist dies zwar theoretisch interessant, praktisch wollen wir jedoch wissen, daß der Algorithmus auch innerhalb einer vernünftigen Zeit terminieren wird. Das bedeutet, daß wir an konkreten *Aufwandsabschätzungen* für Algorithmen wesentlich stärker interessiert sind. Wenn wir dieses Problem gelöst haben und z.B. eine bestimmte Rechenzeit für einen Algorithmus festgestellt haben, so ist das Terminationsproblem damit automatisch gelöst.

Wir werden in einem späteren Kapitel nochmals über Aufwandsabschätzungen sprechen, wollen hier jedoch als Beispiel den Aufwand für Algorithmus 2.17 berechnen.

**Beispiel 2.27** Wir betrachten zunächst die rekursive Formulierung für die sequentielle Suche. Der Übersichtlichkeit halber wiederholen wir den Pseudocode:

```
if l > r then      (* Leere Folge *)
    p := 0
else
    p := r   (* Wähle Suchposition am Ende *)
    if A_p ≠ a then     (* Noch nicht gefunden *)
        p := s(F, a, l, p − 1)    (* Suche rekursiv weiter *)
    endif
endif
```

Wir möchten den Aufwand messen, indem wir die Anzahl der *Rechenschritte* zählen. Vereinfachend möchten wir diese Anzahl der Rechenschritte die *Rechenzeit* nennen. Dabei zählt sowohl ein Vergleich als auch eine Wertzuweisung als ein Rechenschritt. Für einen rekursiven Funktionsaufruf muß hier natürlich die Anzahl der hierfür notwendigen Rechenschritte eingesetzt werden. Eine kurze Überlegung zeigt, daß die Rechenzeit von der Länge $n$ der Eingabefolge abhängt, daß wir aber nicht darauf hoffen können, eine einzige Zahl $A(n)$ als Ergebnis zu erhalten, da der Aufwand sehr stark davon abhängt, ob das gesuchte Element überhaupt in der Folge vorkommt und, falls ja, an welcher Stelle. Wir betrachten daher drei verschiedene Rechenzeiten:

$A_{\min}(n)$ Rechenzeit für eine Folge der Länge $n$ im günstigsten Fall,

$\bar{A}(n)$ durchschnittliche Rechenzeit für eine Folge der Länge $n$ und

$A_{\max}(n)$ Rechenzeit für eine Folge der Länge $n$ im ungünstigsten Fall.

Wie man leicht sieht, ist $A_{\min}(0) = 2$, während $A_{\min}(n)$ für $n > 0$ gar nicht abhängig von $n$ ist: der günstigste Fall tritt bei diesem Algorithmus ein, wenn das gesuchte Element am Ende der Folge auftritt. In diesem Fall zählen wir den Vergleich $l > r$, die Zuweisung $p := r$ und den Vergleich

$A_p \neq a$ und sind fertig. Zusammengefaßt gilt

$$
\begin{aligned}
A_{\min}(0) &= 2 \\
A_{\min}(n+1) &= 3
\end{aligned}
$$

Der ungünstigste Fall tritt dagegen ein, wenn das gesuchte Element gar nicht in der Folge vorkommt. In diesem Fall zählen wir zu den drei Anweisungen des günstigsten Falls noch die Anweisung $p := s(F, a, l, p-1)$. Hinzu kommt die Rechenzeit für den rekursiven Aufruf, so daß wir zunächst erhalten:

$$
\begin{aligned}
A_{\max}(0) &= 2 \\
A_{\max}(n+1) &= 4 + A_{\max}(n)
\end{aligned}
$$

Zusammengefaßt gilt also:

$$
A_{\max}(n) = 4n + 2 \; .
$$

Damit haben wir gleichzeitig auch bewiesen, daß dieser Algorithmus terminiert, was allerdings in diesem Fall nicht schwer war.

Für die Berechnung der durchschnittlichen Rechenzeit müßten wir eigentlich von einer bestimmten *Bezugsmenge* von Suchelementen und Folgen ausgehen, um einen Durchschnitt ausrechnen zu können, d.h. die durchschnittliche Rechenzeit ist stark *datenabhängig*. In Ermangelung solcher konkreter Daten bleibt nichts anderes übrig, als eine gewisse *Wahrscheinlichkeitsverteilung* zugrundezulegen. Wir nehmen hier vereinfachend an, daß die Folgenelemente an allen Positionen von 1 bis $n$ mit gleicher Wahrscheinlichkeit gesucht werden und daß durchschnittlich jedes $n+1$-te Suchelement gar nicht in der Folge vorkommt. Es bezeichne nun $A(n, j)$ den Aufwand für das Finden eines Elements an der $j$-ten Stelle von hinten in einer Folge der Länge $n$, wobei $j = 0$ für das Nichtvorhandensein des Elements steht. Dann ist der mittlere Aufwand unter den angegebenen Voraussetzungen gleich

$$
\bar{A} = \frac{\sum_{j=0}^{n} A(n, j)}{n + 1} \; .
$$

In unserer Implementierung gilt offensichtlich

$$
A(n, 0) = A_{\max}(n)
$$

und

$$
A(n, j+1) = A_{\max}(j) \; .
$$

Wegen

$$A_{\max}(n) + \sum_{j=1}^{n} A_{\max}(j-1) = \sum_{j=0}^{n}(4j+2) = (2n+2)(n+1)$$

gilt dann

$$\bar{A}(n) = 2(n+1)\,.$$

Manchmal möchten wir die Rechenzeit gar nicht so genau wissen, wie im voraufgehenden Beispiel. Zum Vergleich von Algorithmen sind wir häufig an der sogenannten *asymptotischen* Rechenzeit interessiert: Für große $n$ ist z.B. das Glied „$+1$" in der oben angegebenen Formel nicht mehr relevant; wir können dann den Ausdruck einfach durch $2n$ ersetzen. Schließlich ist vielleicht auch der Faktor 2 nicht mehr bedeutsam, wenn wir einfach nur eine Aussage der Art haben wollen, daß die Rechenzeit in der Größenordnung der Länge der Eingabefolge liegt. Für Aussagen dieser Art eignet sich der sogenannte O-Kalkül, den wir im folgenden kurz vorstellen.

Zunächst soll jedoch noch die iterative Variante 2.13 der sequentiellen Suche betrachtet werden.

**Beispiel 2.28** Auch hier wiederholen wir zunächst den Pseudocode:

```
p  :=  n   (* Wähle eine erste Suchposition *)
while a ≠ Aₚ do
    p  :=  p - 1   (* Wähle eine neue Suchposition *)
    if p = 0 then   (* Es gibt keine neue Suchposition *)
        exit
    endif
endwhile
```

Der Fall $n = 0$ ist hier ausdrücklich ausgeschlossen. Wie in 2.27 tritt die minimale Rechenzeit auf, wenn das Suchelement am Ende der Folge auftritt; es gilt dann

$$A_{\min}(n) = 2 \ (n \geq 1)\,.$$

Die maximale Rechenzeit tritt wiederum auf, wenn das Suchelement nicht in der Folge vorkommt. Die **while**-Schleife läßt sich dann für $n \geq 1$ offensichtlich $n$-mal ausführen und wird dann durch **exit** verlassen. Die ersten $n-1$ Schleifendurchläufe bestehen aus 3 Rechenschritten ($a \neq A_p$, $p := p-1$,

$p = 0$), der $n$-te führt zusätzlich die Anweisung **exit** aus. Eine weitere Anweisung ist die Initialisierung $p := n$, so daß gilt

$$A_{\max}(n) = 1 + 3(n-1) + 4 = 3n + 2 \quad (n \geq 1) \,.$$

Zur Berechnung des durchschnittlichen Aufwands gehen wir ebenfalls wie in 2.27 vor. Offensichtlich gilt auch hier

$$A(n,0) = A_{\max}(n) \,.$$

Für $j \neq 0$ wird das $j$-te Element von hinten offensichtlich nach $j-1$ Schleifendurchläufen gefunden, die aus je 3 Rechenschritten bestehen; dazu kommt je eine Anweisung für die Initialisierung und das Verlassen der Schleife. Es gilt daher

$$A(n,j) = 1 + 3(j-1) + 1 = 3j - 1 \quad (1 \leq j \leq n) \,.$$

Damit ist der durchschnittliche Aufwand

$$\bar{A}(n) = \frac{\sum_{j=0}^{n} A(n,j)}{n+1} = \frac{3n + 2 + \sum_{j=1}^{n}(3j-1)}{n+1} = \frac{3n+4}{2} \,.$$

Das ist besser als die Rechenzeit für den rekursiven Algorithmus aus 2.27. Zu einer weiteren Verbesserung führt der Trick, den wir auch in 2.26 angewendet haben: Die Folge wird um ein Pseudo-Element $A_0$ verlängert und das Suchelement dort eingetragen. Der Algorithmus lautet dann:

```
A₀  :=  a
p   :=  n   (* Wähle eine erste Suchposition *)
while a ≠ Aₚ do
    p  :=  p - 1   (* Wähle eine neue Suchposition *)
endwhile
```

Jetzt gilt:

$$
\begin{aligned}
A_{\min}(n) &= 3 \\
A_{\max}(n) &= 2n + 3 \\
\bar{A}(n) &= \frac{\sum_{j=0}^{n}(2n+3)}{n+1} = n + 3
\end{aligned}
$$

**Definition 2.29 (O-Notation)** Der Ausdruck $O(f(n))$ („groß $O$ von $f$ von $n$") bezeichnet eine Größe, die unbekannt ist bis auf die Tatsache, daß sie im wesentlichen durch $f(n)$ beschränkt ist. Wir schreiben

$$g(n) = O(f(n)) \,,$$

wenn es eine positive Konstante $M$ und eine Konstante $n_0$ gibt, so daß

$$(\forall n \geq n_0) \ \ |g(n)| \leq M \cdot |f(n)| \,.$$

Weitere Details zum $O$-Kalkül können z.B. in [GKP89] nachgelesen werden. „Gleichungen" mit $O(\ )$ werden immer nur von links nach rechts gelesen und sind daher keine Gleichungen im eigentlichen Sinne. Die rechte Seite gibt immer weniger Informationen als die linke Seite bzw. stellt eine Vergröberung der linken Seite dar. Knuth [GKP89] verwendete dafür die Bezeichnung „Einbahngleichungen".

**Beispiel 2.30** Es gilt

$$\sum_{i=1}^{n} a_i x^i = O(x^n)$$

Um dies einzusehen, rechnen wir

$$\left| \sum_{i=1}^{n} a_i x^i \right| \leq \sum_{i=1}^{n} |a_i x^i|$$

$$= \left( \sum_{i=1}^{n} \left| \frac{a_i}{x^n} x^i \right| \right) |x^n|$$

$$\leq \left( \sum_{i=1}^{n} |a_i| \right) |x^n|$$

Setzen wir nun $n_0 = 1$ und $M = \sum_{i=1}^{n} |a_i|$, so gilt die Behauptung laut Definition.

Mit dieser Definition läßt sich einsehen, daß für alle drei hier betrachteten Versionen der sequentiellen Suche gilt:

$$\bar{A}(n) = O(n) \,.$$

Wir sagen dann: *die sequentielle Suche hat eine lineare Rechenzeit.*

Während es natürlich immer möglich ist, Funktionen durch die O-Notation nur auf der Basis der vorangehenden Definition abzuschätzen, stellt es sich für die Praxis als hilfreich heraus, einige *Rechenregeln* zur Verfügung zu haben. Die folgende Auswahl von solchen Regeln läßt sich aus der Definition leicht beweisen:

**Lemma 2.31 (Rechenregeln für die O-Notation)** *Für Funktionen $f, g$ und Konstanten $c$ gelten die folgenden Beziehungen:*

$$
\begin{aligned}
f(n) &= O(f(n)) \\
O(O(f(n)) &= O(f(n)) \\
c \cdot O(f(n)) &= O(f(n)) \\
O(f(n)) \cdot O(g(n)) &= O(f(n) \cdot g(n)) \\
O(f(n) \cdot g(n)) &= O(f(n)) \cdot O(g(n)) \\
O(f(n) \cdot g(n)) &= f(n) \cdot O(g(n))
\end{aligned}
$$

Wir kommen jetzt nochmals auf die bereits zuvor angesprochene *binäre Suche* zurück, um ein Suchverfahren vorzustellen, daß asymptotisch besser ist als die sequentielle Suche. Grundlage ist die Algorithmen-Zwischenstufe 2.16, wobei zunächst irgendein Element aus der Folge verglichen wird und bei Mißerfolg die Teilfolgen links und rechts daneben durchsucht werden. Ist die Folge nun aufsteigend sortiert, so braucht jeweils nur eine dieser beiden Teilfolgen durchsucht zu werden, je nachdem, ob das gesuchte Element kleiner oder größer als das Vergleichselement ist. Das haben wir schon in Beispiel 2.19 betrachtet, wobei wir auch auf die unnötigen rekursiven Aufrufe mit leerer Suchfolge hingewiesen haben, die bei strenger Befolgung der Zwischenstufe 2.16 auftreten. Wir werden hier die Rekursion überhaupt eliminieren.

**Beispiel 2.32 (Binäre Suche)** Unter Berücksichtigung der Sortierung der Folge tritt gegenüber 2.16 die folgende Verfeinerung ein:

```
if l > r then
    p := 0
else
    p := (l + r)  div 2;   (* Suchposition in der Mitte *)
    if a  =  A_p then
        exit
```

```
      elsif a < A_p then
          p := s(F, a, l, p - 1)      (* Suche links weiter *)
      else
          p := s(F, a, p + 1, r)      (* Suche rechts weiter *)
      endif
   endif
```

Die rekursiven Aufrufe von $s$ treten hier am Ende des Algorithmus zu
$s$ auf. Man spricht in diesem Zusammenhang auch von *Endrekursion*. Hier
beginnen wir wiederum am Anfang der Schleife mit geänderten Werten von
$l$ oder $r$. In einer ersten Näherung können wir deshalb den Algorithmus so
umformulieren:

```
while l ≤ r do
   p := (l + r) div 2
   if a = A_p then
      exit
   elsif a < A_p then
      r := p - 1
   else
      l := p + 1
   endif
endwhile
???
```

Das Problem bei dieser Version ist, daß wir an der mit **???** markierten
Stelle nicht mehr entscheiden können, wie wir dorthin gelangt sind: Geschah
dies durch die **exit**-Anweisung, weil wir das Suchelement gefunden haben,
oder geschah es durch normale Beendigung der Schleife, weil $l > r$ war oder
geworden ist? Die Lösung liegt darin, daß wir die Schleife nur auf genau
einem Wege verlassen, wobei erkennbar bleibt, ob das gesuchte Element
gefunden wurde. Die endgültige Lösung sieht dann so aus:

```
while l ≤ r do
   p := (l + r) div 2
   if a ≤ A_p then
      r := p - 1
   endif
   if a ≥ A_p then
      l := p + 1
```

> **endif**
> **endwhile**
> **if** $r \;\neq\; l-2$ **then**
> > $p := 0$
>
> **endif**

Wie man sofort sieht, tritt beim Finden des Elements der Fall $r = l - 2$ ein. Dieser Fall kann nicht eintreten, wenn das Element nicht gefunden wurde.

Wie in Beispiel 2.27 wollen wir auch hier die Rechenzeit ermitteln. Die Rechenzeiten $A_{\min}(n)$, $\bar{A}(n)$, $A_{\max}(n)$ sollen wie in 2.27 vereinbart sein. $A_{\min}(0)$ ist offensichtlich gleich 3, weil in diesem Fall $l > r$ gilt. Ansonsten tritt die minimale Rechenzeit auf, wenn das Suchelement gleich „in der Mitte" der Folge gefunden wird; dann gilt:

$$A_{\min}(n + 1) = 8 \ .$$

Die maximale Rechenzeit tritt auch hier auf, wenn das gesuchte Element gar nicht in der Folge auftritt. Dabei ist bei jedem Schleifendurchlauf unerheblich, ob das gesuchte Element kleiner oder größer als das jeweilige Folgenelement ist. In jedem Fall werden innerhalb der Schleife 5 Rechenschritte ausgeführt. Die Länge der Teilfolge im nächsten Schleifendurchlauf ist in jedem Fall kleiner oder gleich $n$ **div** 2, wie man sich leicht überlegt[7]. Dazu kommt eine Instruktion zum Verlassen der Schleife und der (erfolglose) Test $r = l + 2$. Es gilt also:

$$
\begin{aligned}
A_{\max}(0) &= 3 \\
A_{\max}(n + 1) &= 5 + A_{\max}\left(\left\lfloor \frac{n + 1}{2} \right\rfloor\right)
\end{aligned}
$$

An dieser Stelle schafft vielleicht eine kleine Tabelle weitere Klarheit:

---

[7]Die Vermutung, daß die Länge kleiner oder gleich $(n - 1)$ **div** 2 ist, da wir ja ein Element weggenommen haben, erweist sich als falsch: z.B. für $n = 4$ ist die erste Suchposition $p = 2$; rechts davon liegen noch 2 Folgenelemente!

| $n$ | $\lfloor\log_2(n)\rfloor$ | $A_{\max}(n)$ | | |
|---|---|---|---|---|
| 0 | — | | $3$ | $= 3$ |
| 1 | 0 | $5 + A_{\max}(0)$ | $=$ | $1 \cdot 5 + 3$ |
| 2 | 1 | $5 + A_{\max}(1)$ | $=$ | $2 \cdot 5 + 3$ |
| 3 | 1 | $5 + A_{\max}(1)$ | $=$ | $2 \cdot 5 + 3$ |
| 4 | 2 | $5 + A_{\max}(2)$ | $=$ | $3 \cdot 5 + 3$ |
| 5 | 2 | $5 + A_{\max}(2)$ | $=$ | $3 \cdot 5 + 3$ |
| 6 | 2 | $5 + A_{\max}(3)$ | $=$ | $3 \cdot 5 + 3$ |
| 7 | 2 | $5 + A_{\max}(3)$ | $=$ | $3 \cdot 5 + 3$ |
| 8 | 3 | $5 + A_{\max}(4)$ | $=$ | $4 \cdot 5 + 3$ |

An dieser Stelle fällt es nicht mehr schwer, zu vermuten, daß für $n \geq 1$ allgemein gilt

$$A_{\max}(n) = 5(\lfloor\log_2(n)\rfloor + 1) + 3$$

Beweisen wollen wir diese Eigenschaft hier nicht. Wir können nun auch abschätzen

$$A_{\max}(n) = O(\log_2(n))$$

und sagen dazu: Die binäre Suche hat schlimmstenfalls eine *logarithmische Rechenzeit*.

Auch die mittlere Rechenzeit für die binäre Suche ist $O(\log_2 n)$; um dieses Resultat zu erzielen, ist allerdings etwas Arbeit nötig. Siehe hierzu [Kn73, Abschnitt 6.2.1].

## 2.5 Aufgaben

**Aufgabe 2.1** In der Schule haben Sie gelernt, wie man Dezimalzahlen miteinander multipliziert.

1. Beschreiben Sie diesen Algorithmus unter der Voraussetzung, daß zwei Dezimalzahlen $a$ und $b$ gegeben sind sowie eine Tabelle $K(i,j)$ („kleines Einmaleins") mit $1 \leq i \leq 9$, $1 \leq j \leq 9$, wobei $K(i,j) = i \cdot j$.

2. Begründen Sie anhand von Eigenschaften der Dezimalzahlen, warum dieser Algorithmus korrekt ist.

3. Schätzen den Aufwand des Algorithmus ab. Dabei gilt ein Zugriff auf die Tabelle $K(i,j)$ als eine Einheit.

**Aufgabe 2.2** Für zwei Zeichenfolgen $T = T_1 \ldots T_t$ und $M = M_1 \ldots M_m$ soll entschieden werden, ob $M$ innerhalb von $T$ auftritt, und, falls ja, an welcher Stelle dies zum erstenmal der Fall ist. Geben Sie eine genaue Spezifikation und einen Algorithmus für dieses Problem an.

**Aufgabe 2.3** Entwerfen Sie einen Algorithmus „Lexikographische Ordnung" für eine Liste von $n$ Namen, die geordnet auszugeben sind. Bedienen Sie sich des Prinzips der schrittweisen Verfeinerung. Die Zerlegungsschritte sind anzugeben und die Unteralgorithmen zu spezifizieren. Noch notwendige Festlegungen für die Spezifikation sind in angemessener Weise selbst zu treffen.

**Aufgabe 2.4** Formulieren Sie analog zu Algorithmus 2.16 einen rekursiven Algorithmus für das Suchen in einer *aufsteigend sortierten* Folge, und zwar

1. nach dem Schema der sequentiellen Suche und

2. nach dem Schema der binären Suche.

**Aufgabe 2.5** Rechnen Sie je ein Beispiel für die Algorithmen aus der vorangehenden Aufgabe. Die Eingabefolge soll die Länge 5 haben und das zu suchende Element soll so liegen, daß es bei der sequentiellen Suche zuletzt gefunden wird.

**Aufgabe 2.6** Wandeln Sie das Suchproblem 2.11 so ab, daß in der Eingabefolge Wiederholungen möglich sind und entwickeln Sie einen Suchalgorithmus, der

1. die *kleinste Position* bzw.

2. *alle* Positionen

ausgibt, an denen das Suchelement vorkam.

**Aufgabe 2.7** Spezifizieren Sie das folgende Problem und entwickeln Sie einen rekursiven Algorithmus zu seiner Berechnung:

Aus einer Folge von $n$ Zahlen sei das Minimum und das Maximum
zu ermitteln.

**Aufgabe 2.8** Bestimmen Sie für $n = 7$ die Anzahl der notwendigen Vergleichsoperationen im Algorithmus aus der vorangehenden Aufgabe und geben Sie die Zerlegung der Eingabefolge in Teilfolgen an.

**Aufgabe 2.9** Beweisen Sie, daß die folgende Verifikationsregel gültig ist, indem Sie diese aus den angegebenen Verifikationsregeln herleiten:

$$\frac{\{P \wedge \pi\}A\{P\} \quad (P \wedge \neg\pi) \Rightarrow Q}{\{P\}\text{while } \pi \text{ do } A \text{ endwhile}\{Q\}}$$

**Aufgabe 2.10** Mit dem folgenden Algorithmus wollen wir den ganzzahligen Anteil von $\sqrt{x}$ errechnen, d.h. die größte nat. Zahl $n$ mit $n \le \sqrt{x}$:

**Algorithmus:** Wurzel

**Variable:** $n, y, z \in \mathbb{N}$

**Eingabe:** $x \in \mathbb{R}$

**Verfahren:**

$$
\begin{aligned}
&n \;:=\; 0 \\
&y \;:=\; 1 \\
&z \;:=\; 1 \\
&\textbf{while } y \le x \textbf{ do } \{n^2 \le x \;\wedge\; y = (n+1)^2 \;\wedge\; z = 2n+1\} \\
&\quad n \;:=\; n+1 \\
&\quad y \;:=\; y+z+2 \\
&\quad z \;:=\; z+2 \\
&\textbf{endwhile}
\end{aligned}
$$

**Ausgabe:** $n$

**Nachbedingung:** $n^2 \le x < (n+1)^2$

Verifizieren Sie diesen Algorithmus mit der angegebenen Schleifeninvarianten.

**Aufgabe 2.11** Wir reichern den Pseudocode um eine **repeat**-Anweisung an, deren Semantik wir durch Rückführung auf die **while**-Anweisung definieren:

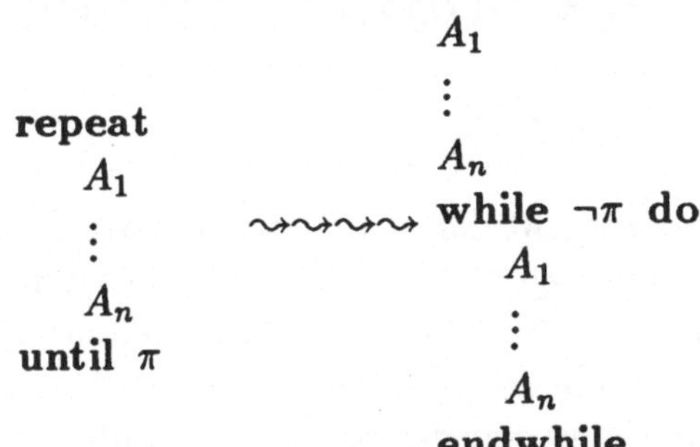

Leiten Sie aus der Iterationsregel eine Verifikationsregel für **repeat** her!

**Aufgabe 2.12** Formulieren Sie eine Verifikationsregel für die **if**-Anweisung mit **elsif**.

**Aufgabe 2.13** In einer vorangegangenen Übung haben wir die Bedeutung der **repeat**-Schleife durch Rückführung auf die **while**-Schleife erklärt. Nehmen Sie jetzt den umgekehrten Schritt vor, d.h. erklären Sie, wie man die Konstruktion

$$\textbf{while } \pi \textbf{ do A}$$

äquivalent mit Hilfe von **repeat** ausdrücken kann. Beweisen Sie die Korrektheit der Umformung anhand der Verifikationsregeln.

# Kapitel 3

# Registermaschinen als Computermodell

Wir erwähnten bereits im Zusammenhang mit der Top-Down-Entwicklungs-methode, daß es recht schwierig ist, einen Algorithmus zu zerlegen und näher an die Zielmaschine zu bringen, wenn wir nicht wissen, wie diese Zielmaschine aussieht. In diesem Kapitel stellen wir die *Registermaschine* als abstrakte Maschine vor, die ziemlich große Ähnlichkeit mit den echten Computern hat. Gleichzeitig ist dies ein erstes Beispiel dafür, wie man *abstrakte Maschinen* mathematisch präzise definiert.

Wir wollen uns dabei nur mit der Berechnung *arithmetischer Funktionen*, d.h. also Abbildungen $f : \mathbb{N}^n \to \mathbb{N}$ beschäftigen und betrachten erneut die in der Einleitung vorgestellte Rechnerstruktur:

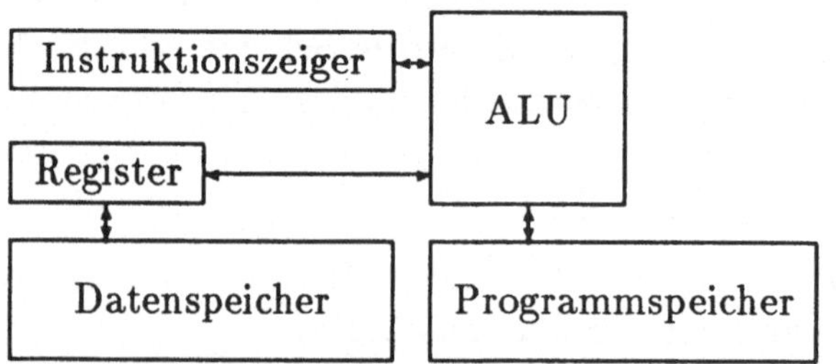


,

die wir jetzt etwas präziser diskutieren wollen. Es ist dies die *logische* Struktur eines klassischen VON NEUMANN-Rechners; die *physische* Struktur ist nach ganz anderen Prinzipien geordnet. Wir diskutieren die einzelnen Teilstrukturen:

**Programmspeicher:** Im Programmspeicher sind die von der Maschine zu befolgenden *Instruktionen* enthalten. Wir nehmen an, daß der Programmspeicher aus einzelnen *Zellen* oder *Worten* besteht, so daß jede Zelle einen ganzen Maschinenbefehl aufnehmen kann. Die Zellen sind durch natürliche Zahlen indiziert.

**Datenspeicher:** Der Datenspeicher nimmt die von der Maschine unter dem gegebenen Programm zu verarbeitenden Daten auf und bietet Platz für eventuelle Zwischenresultate („Hilfsspeicher"). Wie beim Programmspeicher nehmen wir auch hier eine Einteilung in Zellen oder Worte an, wobei jede Zelle ein Datenelement aufnehmen kann. (Physisch gesehen sind Datenspeicher und Programmspeicher bei echten Rechnern identisch.)

**Register:** Dies ist eine kleine Anzahl (typischerweise weniger als 20) von besonders schnellen Datenspeicherzellen, die auch vom Instruktionssatz der Maschine besonders bevorzugt werden und aus diesem Grund häufig ausgezeichnet werden.

**ALU:** Dies ist eine Abkürzung von *Arithmetic/Logical Unit*, also „Arithmetisch/logische Einheit". Hier sitzt die eigentliche Datenverarbeitungsfähigkeit der Maschine, und zwar einerseits Vorrichtungen zur Berechnung arithmetisch/logischer Funktionen (z.B. Addition, logisch „und" etc.), andererseits jedoch auch eine *Abfolgesteuerung* für die Abarbeitung des Programms. Vielfach unterteilt man die „ALU" deshalb noch in ein „Rechenwerk" und ein „Steuerwerk".

**Instruktionszeiger:** Den Instruktionszeiger kann man sowohl als ein spezielles Register als auch als einen Teil des Steuerwerks betrachten; wir haben ihn hier deshalb separat gezeichnet. In jedem Fall zeigt er eine Stelle im Programmspeicher an, und zwar (je nach Geschmack des Autors oder Entwerfers) entweder die augenblicklich ausgeführte Zelle des Programmspeichers oder bereits die als nächstes auszuführende.

Bei echten Rechnern sind Programm- und Datenspeicher ebenso wie die Kapazität einer einzelnen Datenspeicherzelle beschränkt. Die Registermaschine, die wir in diesem Kapitel studieren wollen, ist aber eine *abstrakte Maschine*. Bei ihr sind Datenspeicher und Programmspeicher *unbeschränkt*, besitzen also unendlich viele Zellen; auch eine einzelne Zelle hat unbeschränktes Fassungsvermögen, ist also sozusagen unendlich lang. Das erleichtert uns im folgenden das Argumentieren über Programme und die von ihnen berechneten Funktionen, da wir nicht ständig auf die Begrenzungen achten müssen.[1]

Der Unterschied zwischen Registern und anderen (langsameren) Datenspeichern interessiert uns hier nicht; dafür möchten wir eine Zustandskomponente aus der ALU explizit herauslösen, da wir hierüber argumentieren

---

[1]Wer sich daran stört, mit einer solchen unendlichen Maschine zu arbeiten, soll getrost annehmen, daß es die oben erwähnten Schranken doch gibt, aber daß sie so hoch sind, daß sie von dem jeweils betrachteten Programm nicht erreicht werden.

wollen: den sogenannten *Status*. Er zeigt den Erfolg bzw. Mißerfolg gewisser arithmetischer Operationen an und kann deshalb für die bedingte Ausführung bestimmter Programmteile verwendet werden.

Bevor wir die *unbeschränkte Registermaschine (URM)* definieren, wollen wir zuerst die Menge ihrer *Instruktionen* definieren; das sind die elementaren Anweisungen, die die Maschine unmittelbar ausführen kann.

**Definition 3.1** Die Menge $C$ der *URM-Operationen* ist definiert durch

$$C \stackrel{\text{def}}{=} C_0 \cup C_1 \cup C_2 \cup C_3 \,,$$

wobei

$$
\begin{aligned}
C_0 &= \{\text{STOP}\} \\
C_1 &= \{\text{INC}, \text{DEC}, \text{ZERO}, \text{JZ}, \text{JNZ}, \text{JMP}\} \\
C_2 &= \{\text{ASN}\} \\
C_3 &= \{\text{ADD}, \text{SUB}, \text{MUL}, \text{DIV}, \text{MOD}\}
\end{aligned}
$$

Die Menge $I$ der *URM-Instruktionen* ist definiert durch

$$I \stackrel{\text{def}}{=} \bigcup_{i \in \{0,1,2,3\}} C_i \times \mathbb{N}^i \,.$$

Eine Instruktion besteht demnach aus einer Operation und 0 bis 3 *Operanden*. Wir schreiben Instruktionen $(\text{ADD}, i, j, k)$ in der Form „ADD $i, j, k$".

**Definition 3.2** Die *unbeschränkte Registermaschine* (URM) ist gegeben durch die Komponenten

1. *Registervorrat $R$*, definiert durch $R \stackrel{\text{def}}{=} \mathbb{N}^{\mathbb{N}}$ (zur Schreibweise $\mathbb{N}^{\mathbb{N}}$ siehe Anhang A),

2. *Programmspeicher $P$*, definiert durch $P \stackrel{\text{def}}{=} I^{\mathbb{N}}$,

3. *Instruktionszeiger $Z$*, definiert durch $Z \stackrel{\text{def}}{=} \mathbb{N}$ und

4. *Status $S$*, definiert durch $S \stackrel{\text{def}}{=} \{Z, N\}$.

Ein *Zustand* der URM ist ein Tripel $(\rho, z, s)$ mit $\rho \in R$, $z \in Z$ und $s \in S$.

Zu dieser Definition einige Bemerkungen:

1. Die ALU taucht in dieser Definition nicht auf; dies liegt daran, daß wir in der Mathematik den Begriff der *Funktion* bereits zur Verfügung haben. Wir brauchen deshalb keine eigene Komponente zur Darstellung von Funktionen.

2. Bei der Definition des Maschinenzustands ist der Programmspeicher nur scheinbar vergessen worden. Wir interessieren uns bei der URM dafür, wie sich der Maschinenzustand unter der Ausführung eines Programms verändert. Dabei nehmen wir an, daß das Programm selbst sich dabei nie ändert[2]. Aus diesem Grund gibt es keine Notwendigkeit, den Programmspeicher in den Zustand aufzunehmen.

3. Der Programmspeicher ist unendlich; ein Programm $\pi : \mathbb{N} \to I$ ist eine totale Abbildung. Wir werden jedoch nur endliche Programme betrachten. Das heißt, daß es stets eine Zahl $n$ gibt, so daß das Programm in $\pi(0), \pi(1), \ldots, \pi(n)$ enthalten ist; wir nehmen an, daß $\pi(m) = \text{STOP}$ für alle $m > n$.

Wir können die URM jetzt graphisch so darstellen:

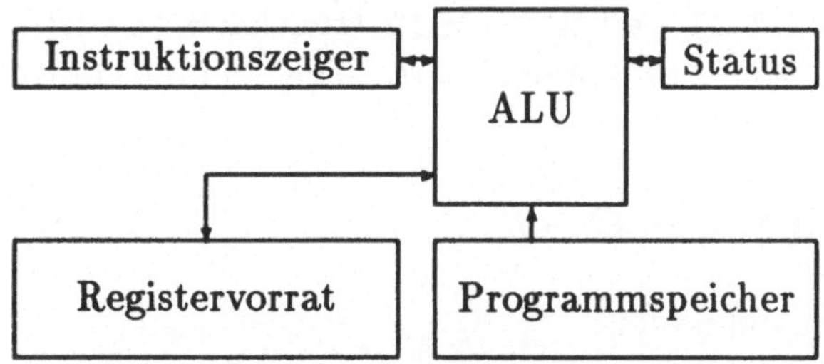


Bevor wir nun die Semantik der einzelnen Instruktionen definieren, brauchen wir zunächst noch ein kleines Hilfsmittel zur Beschreibung von Änderungen des Inhalts des Registervorrats:

---

[2]In der Frühzeit der Computer wurden häufiger sog. *selbstmodifizierende Programme* geschrieben, die sich während der Ausführung selbst veränderten. Es hat sich bald herausgestellt, daß der Programmierer leicht die Übersicht über die dadurch ausgelösten Prozesse verliert und daß die Modifikation von Programmen während der Ausführung wenig ratsam ist.

**Definition 3.3** Sei $\rho : \mathbb{N} \to \mathbb{N}$, $i, x \in \mathbb{N}$. Dann definiere

$$\rho \left[ \frac{i}{x} \right] : \mathbb{N} \to \mathbb{N}$$

durch

$$\rho \left[ \frac{i}{x} \right] (j) \stackrel{\text{def}}{=} \begin{cases} x & \text{falls } j = i \\ \rho(j) & \text{falls } j \neq i. \end{cases}$$

Die Schreibweise $\rho \left[ \frac{i}{x} \right]$ („Register $i$ durch $x$") deutet an, daß die $i$-te Zelle von $\rho$ durch $x$ besetzt werden soll.

In der folgenden Definition werden wir an zwei Stellen die sogenannten *Gaußklammern* $\lfloor \; \rfloor$ verwenden, die wie folgt definiert sind:

$$\lfloor \; \rfloor : \mathbb{R} \longrightarrow \mathbb{Z}$$

$$\lfloor x \rfloor \stackrel{\text{def}}{=} \max\{z \in \mathbb{Z} \mid z \leq x\} \, .$$

Außerdem bezeichne $[U \to U]$ die Menge der *partiellen* Abbildungen von $U$ nach $U$.


**Definition 3.4 (Instruktionssemantik)** Sei $U \stackrel{\text{def}}{=} R \times Z \times S$ die Zustandsmenge der URM. Die Semantik $\mathcal{I}[\![i]\!]$ einer URM-Instruktion $i \in I$ ist eine *Zustandstransformation*, d.h. eine Abbildung $U \leadsto U$. Die Semantikfunktion ist also eine Abbildung

$$\mathcal{I}[\![\;]\!] : I \to [U \to U] \, ,$$

die wir im einzelnen wie folgt definieren:

1. $\mathcal{I}[\![\text{STOP}]\!](\rho, z, s) \stackrel{\text{def}}{=} (\rho, z, s)$

   Durch eine STOP-Instruktion ändert sich also der Maschinenzustand überhaupt nicht. (Hierzu später mehr, s. Def. 3.8)

2. $\mathcal{I}[\![\text{INC } i]\!](\rho, z, s) \stackrel{\text{def}}{=} (\rho \left[ \frac{i}{\rho(i)+1} \right], z + 1, s)$

   Bei einer „INC $i$"-Instruktion (= Increment) wird der Inhalt der $i$-ten Datenspeicherzelle um 1 erhöht; der Instruktionszeiger wird ebenfalls um 1 erhöht, während der Status unverändert bleibt.

3. $\mathcal{I}[\text{DEC } i](\rho, z, s) \stackrel{\text{def}}{=} \begin{cases} (\rho, z+1, Z) & \text{falls } \rho(i) = 0 \\ \left(\rho\left[\frac{i}{\rho(i)-1}\right], z+1, N\right) & \text{falls } \rho(i) \neq 0 \end{cases}$

Bei einer „DEC $i$"-Instruktion (= Decrement) wird der Inhalt der $i$-ten Datenspeicherzelle um 1 vermindert, falls er nicht Null war. Der Status wird in diesem Fall auf „N" (= Nonzero) gesetzt. Anderenfalls bleibt der Datenspeicher unverändert, der Status wird auf „Z" (= Zero) gesetzt, um anzuzeigen, daß die Verminderung nicht durchgeführt werden konnte. In beiden Fällen wird der Instruktionszeiger erhöht.

4. $\mathcal{I}[\text{ZERO } i](\rho, z, s) \stackrel{\text{def}}{=} \left(\rho\left[\frac{i}{0}\right], z+1, Z\right)$

Durch eine „ZERO $i$"-Instruktion wird die $i$-te Datenspeicherzelle auf Null gesetzt.

5. $\mathcal{I}[\text{JZ } i](\rho, z, s) \stackrel{\text{def}}{=} \begin{cases} (\rho, i, s) & \text{falls } s = Z \\ (\rho, z+1, s) & \text{falls } s = N \end{cases}$

Die Instruktion „JZ $i$" (= Jump if Zero) nennt man einen *bedingten Sprungbefehl*; in Abhängigkeit vom Status ist entweder die $i$-te Instruktion oder die auf den bedingten Sprungbefehl folgende Instruktion als nächstes auszuführen.

6. $\mathcal{I}[\text{JMP } i](\rho, z, s) \stackrel{\text{def}}{=} (\rho, i, s)$

Die Instruktion „JMP $i$" (= Jump) heißt *unbedingter Sprungbefehl*. Hierdurch wird die normale Abfolge der Instruktionsverarbeitung unterbrochen und die $i$-te statt der nächstfolgenden Instruktion ausgewählt.

7. $\mathcal{I}[\text{JNZ } i](\rho, z, s) \stackrel{\text{def}}{=} \begin{cases} (\rho, i, s) & \text{falls } s = N \\ (\rho, z+1, s) & \text{falls } s = Z \end{cases}$

Die Instruktion „JNZ $i$" (= Jump if Not Zero) ist in gewissem Sinne komplementär zu „JZ $i$".

8. $\mathcal{I}[\text{ASN } i, j](\rho, z, s) \stackrel{\text{def}}{=} \left(\rho\left[\frac{i}{\rho(j)}\right], z+1, Z\right)$

Die Instruktion „ASN $i, j$" (= Assign) weist der $i$-ten Datenspeicherzelle den Inhalt der $j$-ten Zelle zu. Daß der Status durch ASN auf Z gesetzt wird, hat rein technische Gründe (s. 3.17).

9. $\mathcal{I}[\text{ADD } i, j, k](\rho, z, s) \stackrel{\text{def}}{=} \left(\rho\left[\frac{i}{\rho(j)+\rho(k)}\right], z+1, Z\right)$

10. $\mathcal{I}[\text{SUB } i,j,k](\rho, z, s) \overset{\text{def}}{=} \begin{cases} (\rho\left[\frac{i}{0}\right], z+1, Z) & \text{falls } \rho(j) < \rho(k) \\ (\rho\left[\frac{i}{\rho(j)-\rho(k)}\right], z+1, N) & \text{falls } \rho(j) \geq \rho(k) \end{cases}$

Bei der „SUB $i,j,k$"-Instruktion gilt also ähnliches wie bei „DEC $i$":
Der Erfolg bzw. Mißerfolg wird im Status vermerkt.

11. $\mathcal{I}[\text{MUL } i,j,k](\rho, z, s) \overset{\text{def}}{=} (\rho\left[\frac{i}{\rho(j)\cdot\rho(k)}\right], z+1, Z)$

12. $\mathcal{I}[\text{DIV } i,j,k](\rho, z, s) \overset{\text{def}}{=} (\rho\left[\frac{i}{\lfloor\rho(j)/\rho(k)\rfloor}\right], z+1, Z)$, falls $\rho(k) \neq 0$; sonst
undefiniert. DIV$i,j,k$ berechnet den Quotienten bei der ganzzahligen
Division von $j$ durch $k$ und weist ihn $i$ zu.

13. $\mathcal{I}[\text{MOD } i,j,k](\rho, z, s) \overset{\text{def}}{=} (\rho\left[\frac{i}{\rho(j)-\lfloor\rho(j)/\rho(k)\rfloor\cdot\rho(k)}\right], z+1, Z)$, falls $\rho(k) \neq$
0; sonst undefiniert.

Die Instruktion „MOD $i,j,k$" (= Modulo) berechnet also den *Rest* bei
der ganzzahligen Division von $j$ durch $k$.

Die Auswirkungen der URM-Instruktionen auf den *Status* sind daher wie
folgt:


**unverändert:** STOP, INC, JZ, JNZ, JMP

**immer Z:** ZERO, ASN, ADD, MUL, DIV, MOD

**abhängig von den Operanden:** DEC, SUB.


Wir möchten an dieser Stelle zunächst einige Beispiele für URM-Programme vorstellen, bevor wir deren Semantik definieren. Dabei schreiben
wir ein Programm (, das ja eigentlich eine Abbildung eines endlichen An-
fangsstücks der natürlichen Zahlen in die Menge der URM-Instruktionen ist)
in der Weise, daß wir die Nummer der Programmspeicherzelle, in der eine
bestimmte Instruktion stehen soll, dieser Instruktion voranstellen, wobei ein
Doppelpunkt als Trennzeichen dient.

**Beispiel 3.5 :**

```
0:  DEC   2
1:  JZ    4
2:  INC   1
3:  JMP   0
4:  STOP
```

**Beispiel 3.6 :**

    0:   DEC    1
    1:   JZ      0
    2:   STOP

**Beispiel 3.7 :**  0:  STOP

**Definition 3.8 (Programmsemantik)** Sei $\pi : \mathbb{N} \to I$ ein URM-Programm. Die *Einzelschrittfunktion* $\Delta_\pi$ ist eine Zustandstransformation

$$\Delta_\pi : U \rightsquigarrow U$$

mit

$$\Delta_\pi(\rho, z, s) \stackrel{\text{def}}{=} \mathcal{I}[\![\pi(z)]\!](\rho, z, s) \ .$$

Sie beschreibt die Zustandsänderung, die durch einen „Programmschritt" bei der Ausführung von $\pi$ bewirkt wird. Die *Programmsemantik* erhalten wir durch eine *Iteration* der Einzelschrittfunktion:

$$\Delta_\pi^\infty : U \rightsquigarrow U$$

$$\Delta_\pi^\infty(\rho, z, s) \stackrel{\text{def}}{=} \begin{cases} (\rho, z, s) & \text{falls } \Delta_\pi(\rho, z, s) = (\rho, z, s) \\ \Delta_\pi^\infty(\Delta_\pi(\rho, z, s)) & \text{anderenfalls} \end{cases}$$

Für ein $n \in \mathbb{N}$ ist die $n$-stellige *Eingabefunktion* der URM definiert als

$$\mathbf{in}^{(n)} : \mathbb{N}^n \to U$$

mit

$$\mathbf{in}^{(n)}(a_1, \ldots, a_n) \stackrel{\text{def}}{=} (\rho_0, 0, \mathrm{N}) \ ,$$

wobei $\rho_0$ wie folgt definiert ist:

$$\rho_0(i) \stackrel{\text{def}}{=} \begin{cases} a_i & \text{falls } 1 \le i \le n \\ 0 & \text{sonst} \end{cases}$$

Die *Ausgabefunktion* der URM ist definiert als

$$\mathbf{out} : U \to \mathbb{N}$$

mit

$$\mathbf{out}(\rho, z, s) \stackrel{\text{def}}{=} \rho(1) \ .$$

Die von der URM unter dem Programm $\pi$ berechnete $n$-stellige Funktion ist definiert durch

$$\mathcal{P}[\pi]^{(n)} : \mathbb{N}^n \rightsquigarrow \mathbb{N}$$

mit

$$\mathcal{P}[\pi]^{(n)} \overset{\text{def}}{=} \mathbf{out} \circ \Delta_\pi^\infty \circ \mathbf{in}^{(n)}$$

Auch zu dieser Definition sind einige Bemerkungen erforderlich:

1. Die URM ist eine abstrakte Maschine; wir interessieren uns deshalb nicht für Mechanismen zur Ein-/Ausgabe, sondern nehmen an, daß die Eingabe vor dem Start eines Programms in die Datenregister eingebracht wird und daß die Ausgabe des Programms nach dem Anhalten des Programms im Datenregister 1 gefunden werden kann. Auf diese Weise kann man einem URM-Programm eine hiervon berechnete Funktion im mathematischen Sinne zuordnen. Bei echten Maschinen, die (z.T. in Abhängigkeit von vorherigen Berechnungen) wiederholt Eingaben anfordern und Ausgaben vornehmen können, sind die Verhältnisse komplizierter.

2. Es mag auf den ersten Blick merkwürdig erscheinen, daß wir in einem Programm nicht vermerken, wie viele Eingabewerte hierzu gehören. Dies wird erst durch die Eingabeabbildung festgelegt. Hierdurch wird es möglich, ein Programm für mehrere Zwecke zu verwenden; vgl. die Beispiele weiter unten.

3. $\Delta_\pi^\infty(\rho, z, s)$ ist genau dann definiert, wenn es in der Zustandsfolge, die sich aus $(\rho, z, s)$ durch wiederholte Berechnung der Einzelschrittfunktion ergibt, zwei aufeinanderfolgende exakt gleiche Zustände gibt.[3] Das ist nach Definition 3.4 z.B. bei der STOP-Instruktion der Fall. $\Delta_\pi^\infty$ ist also eine partielle Funktion, da es Programme gibt, die nicht anhalten. Auch die von einem URM Programm $\pi$ berechnete Funktion $\mathcal{P}[\![\pi]\!]$ ist deshalb partiell. Wir schreiben $\mathcal{P}[\![\pi]\!](x) = \bot$ falls $\mathcal{P}[\![\pi]\!](x)$ nicht definiert ist.

4. Das Datenregister mit der Nummer 0 verwenden wir nie; die Eingabeabbildung läßt sich plausibler beschreiben, wenn man mit $\rho(1) = a_1$ beginnt.

---

[3]Als die Computer noch wesentlich langsamer waren als heute, wurden die Registerinhalte durch Lämpchen an der Konsole angezeigt; man konnte dann optisch erkennen, wenn sich der Maschinenzustand nicht mehr änderte.

In 3.5–3.7 haben wir einige Beispielprogramme betrachtet; wir wollen jetzt die davon berechneten Funktionen berechnen. Dabei schreiben wir die Datenspeicherinhalte $\rho$ der Übersichtlichkeit halber als $(m_1, \ldots, m_n)$, falls $\rho(i) = m_i$ und $\rho(j) = 0$ für alle $j > n$.

**Beispiel 3.9** Wir beginnen mit dem einfachsten Fall (3.7):

$$
\begin{aligned}
\mathcal{P}[\pi]^{(n)}(a_1, \ldots, a_n) &= \mathbf{out}(\Delta_\pi^\infty(\mathbf{in}^{(n)}(a_1, \ldots, a_n))) \\
&= \mathbf{out}(\Delta_\pi^\infty((a_1, \ldots, a_n), 0, \mathrm{N})) \\
&= \mathbf{out}((a_1, \ldots, a_n), 0, \mathrm{N}) \\
&= a_1
\end{aligned}
$$

Dieses Programm berechnet also die $n$-stellige Projektion auf die erste Komponente (bzw. die einstellige Identitätsfunktion für $n = 1$ und die nullstellige Nullfunktion bei $n = 0$).

**Beispiel 3.10** Als nächstes betrachten wir 3.6:

$$
\begin{aligned}
\mathcal{P}[\pi]^{(n)}(a_1, \ldots, a_n) &= \mathbf{out}(\Delta_\pi^\infty(\mathbf{in}^{(n)}(a_1, \ldots, a_n))) \\
&= \mathbf{out}(\Delta_\pi^\infty((a_1, \ldots, a_n), 0, \mathrm{N}))
\end{aligned}
$$

Wir müssen jetzt zwei Fälle unterscheiden: $a_1 = 0$ und $a_1 = a' + 1$.

1. $a_1 = 0$:

$$
\begin{aligned}
(\Delta_\pi^\infty((a_1, \ldots, a_n), 0, \mathrm{N})) &= \Delta_\pi^\infty(\Delta_\pi((0, a_2, \ldots, a_n), 0, \mathrm{N})) \\
&= \Delta_\pi^\infty(\mathcal{I}[\mathrm{DEC}\ 1]((0, a_2, \ldots, a_n), 0, \mathrm{N})) \\
&= \Delta_\pi^\infty((0, a_2, \ldots, a_n), 1, \mathrm{Z}) \\
&= \Delta_\pi^\infty(\Delta_\pi((0, a_2, \ldots, a_n), 1, \mathrm{Z})) \\
&= \Delta_\pi^\infty(\mathcal{I}[\mathrm{JZ}\ 0]((0, a_2, \ldots, a_n), 1, \mathrm{Z})) \\
&= \Delta_\pi^\infty((0, a_2, \ldots, a_n), 0, \mathrm{Z})
\end{aligned}
$$

Jetzt sind wir an einem Punkt in der Rechnung angelangt, der (bis auf den veränderten Status, der hier jedoch irrelevant ist) schon einmal vorlag. Es ist also klar, daß das Programm hier in eine sogenannte *Endlosschleife* läuft, in der niemals eine STOP-Instruktion erreicht wird. Die von $\pi$ berechnete Funktion ist also für $a_1 = 0$ undefiniert. Das gilt auch für den Fall $n = 0$.

2. $a_1 = a' + 1$:

$$
\begin{aligned}
&(\Delta_\pi^\infty((a_1, \ldots, a_n), 0, \mathrm{N})) \\
&= \Delta_\pi^\infty(\Delta_\pi((a' + 1, a_2, \ldots, a_n), 0, \mathrm{N}))
\end{aligned}
$$

$$
\begin{aligned}
&= \Delta_\pi^\infty(\mathcal{I}[\text{DEC } 1]((a'+1, a_2, \ldots, a_n), 0, \text{N})) \\
&= \Delta_\pi^\infty((a', a_2, \ldots, a_n), 1, \text{N}) \\
&= \Delta_\pi^\infty(\Delta_\pi((a', a_2, \ldots, a_n), 1, \text{N})) \\
&= \Delta_\pi^\infty(\mathcal{I}[\text{JZ } 0]((a', a_2, \ldots, a_n), 1, \text{N})) \\
&= \Delta_\pi^\infty((a', a_2, \ldots, a_n), 2, \text{N}) \\
&= ((a', a_2, \ldots, a_n), 2, \text{N})
\end{aligned}
$$

Da ferner gilt $\mathbf{out}((a', a_2, \ldots, a_n), 2, \text{N}) = a'$, haben wir insgesamt gezeigt, daß

$$
\mathcal{P}[\pi]^{(n)}(a_1, \ldots, a_n) = \begin{cases} a_1 - 1 & \text{falls } a_1 \neq 0 \\ \bot & \text{sonst} \end{cases}
$$

**Beispiel 3.11** Als ein komplizierteres Beispiel wollen wir beweisen, daß das Programm $\pi$ in Beispiel 3.5 die Addition berechnet, die wir ja auch als Maschinenbefehl der URM zur Verfügung haben.

$$
\begin{aligned}
\mathcal{P}[\pi]^{(2)}(a_1, a_2) &= \mathbf{out}(\Delta_\pi^\infty(\mathbf{in}^{(2)}(a_1, a_2))) \\
&= \mathbf{out}(\Delta_\pi^\infty((a_1, a_2), 0, \text{N}))
\end{aligned}
$$

Auch hier müssen wir wieder zwei Fälle unterscheiden:

1. $a_2 = 0$:

$$
\begin{aligned}
\Delta_\pi^\infty((a_1, 0), 0, \text{N})) &= \Delta_\pi^\infty(\Delta_\pi((a_1, 0), 0, \text{N})) \\
&= \Delta_\pi^\infty(\mathcal{I}[\text{DEC } 2]((a_1, 0), 0, \text{N})) \\
&= \Delta_\pi^\infty((a_1, 0), 1, \text{Z}) \\
&= \Delta_\pi^\infty(\Delta_\pi((a_1, 0), 1, \text{Z})) \\
&= \Delta_\pi^\infty(\mathcal{I}[\text{JZ } 4]((a_1, 0), 1, \text{Z})) \\
&= \Delta_\pi^\infty((a_1, 0), 4, \text{Z}) \\
&= ((a_1, 0), 4, \text{Z})
\end{aligned}
$$

2. $a_2 = a' + 1$:

$$
\begin{aligned}
\Delta_\pi^\infty((a_1, a'+1), 0, \text{N}) \\
= \Delta_\pi^\infty(\Delta_\pi((a_1, a'+1), 0, \text{N})) \\
= \Delta_\pi^\infty(\mathcal{I}[\text{DEC } 2]((a_1, a'+1), 0, \text{N})) \\
= \Delta_\pi^\infty((\acute{a}_1, a'), 1, \text{N}) \\
= \Delta_\pi^\infty(\Delta_\pi((a_1, a'), 1, \text{N})) \\
= \Delta_\pi^\infty(\mathcal{I}[\text{JZ } 4]((a_1, a'), 1, \text{N}))
\end{aligned}
$$

$$
\begin{aligned}
&= \Delta_\pi^\infty((a_1, a'), 2, N) \\
&= \Delta_\pi^\infty(\Delta_\pi((a_1, a'), 2, N)) \\
&= \Delta_\pi^\infty(\mathcal{I}[\text{INC } 1]((a_1, a'), 2, N)) \\
&= \Delta_\pi^\infty((a_1 + 1, a'), 3, N) \\
&= \Delta_\pi^\infty(\Delta_\pi((a_1 + 1, a'), 3, N)) \\
&= \Delta_\pi^\infty(\mathcal{I}[\text{JMP } 0]((a_1 + 1, a'), 3, N)) \\
&= \Delta_\pi^\infty((a_1 + 1, a'), 0, N)
\end{aligned}
$$

Hier sind wir wiederum in derselben Lage wie zu Beginn der Rechnung, mit der einzigen Ausnahme, daß sich der Wert der Ausgabevariablen $a_1$ um eins erhöht hat. Wir können jetzt wieder eine Fallunterscheidung über $a'$ machen, was letzten Endes auf einen Induktionsbeweis hinausläuft. Wir tun dies jedoch nicht, sondern bemerken einfach, daß wir im Grunde ja bereits folgendes gezeigt haben:

$$
\mathcal{P}[\pi]^{(2)}(a_1, a_2) = \begin{cases} a_1 & \text{falls } a_2 = 0 \\ \mathcal{P}[\pi]^{(2)}(a_1, a') + 1 & \text{falls } a_2 = a' + 1 \end{cases}
$$

Wir brauchen uns dann nur noch zu überlegen, daß dies auch die Eigenschaften der Addition sind, nämlich

$$
\begin{aligned}
a_1 + 0 &= a_1 \\
a_1 + (a' + 1) &= (a_1 + a') + 1
\end{aligned}
$$

Wir haben im letzten Beispiel eingesehen, daß es Instruktionen der URM gibt (z.B. ADD), die offensichtlich im Prinzip nicht nötig wären, weil sie sich durch URM-Programme berechnen lassen. Wir nennen solche Instruktionen *entbehrlich*.

Im folgenden werden wir zeigen, daß bis auf INC, DEC und JZ alle Instruktionen entbehrlich sind. Dabei werden wir jeweils zeigen, daß eine einzelne entbehrliche Instruktion aus einem Programm entfernt werden kann. Der Rest folgt dann durch eine hier nicht durchgeführte Induktion.

**Lemma 3.12** STOP *ist entbehrlich.*

**Beweis:** Die STOP-Instruktion dient dazu, eine Berechnung anzuhalten, wenn sich der Maschinenzustand durch Anwendung der Einzelschrittfunktion nicht mehr ändert. Wie man sofort einsieht, kann jede Anweisung $i$:

STOP durch $i$: JMP $i$ ersetzt werden, wodurch sich ebenfalls der Maschinenzustand nicht ändert.[4] $\qquad\qquad\qquad\qquad\qquad\qquad\qquad\qquad\quad$ □

**Lemma 3.13** JMP *ist entbehrlich.*

**Beweis:** Sei $\pi$ ein URM-Programm, das eine Anweisung $i$ : JMP $j$ enthält. Jedes URM-Programm verwendet nur eine feste Zahl von Registern. Sei $m$ eine Nummer eines Registers, die in $\pi$ nicht vorkommt. Die Idee ist nun folgende:

> Ersetze $i$ : JMP $j$ durch $i$: DEC $m$, verschiebe alle Befehle von den Zellen ab $i+1$ um eins nach hinten und füge $i+1$: JZ $j$ ein. Ersetze dann in allen Sprungbefehlen mit Operanden $k > i$ diese Operanden durch $k+1$.

Leider hat dieses Verfahren jedoch den Nachteil, daß es den *Status* verändert; dies könnte in gewissen Programmen von Bedeutung sein, z.B. in solchen, bei denen ein bedingter Sprung nicht unmittelbar auf die entsprechende DEC-Instruktion folgt:

```
0:        ...
          ⋮
i − 1:    DEC
i:        JMP   j
          ⋮
j:        INC   k
j + 1:    JZ    ...
```

Wir müssen deshalb anders vorgehen, so daß der Status nicht verändert wird. Dies geschieht in zwei Schritten, wobei wir drei Fälle unterscheiden müssen:

$j < i$ (Rückwärtssprung)

> 1. *(Anpassung der Sprungadressen)* Ersetze in allen Sprungbefehlen $l$ : JMP $k$ mit $k > i$ diese $k$ durch $k+5$. Ersetze ferner in allen Sprungbefehlen $l$ : JMP $k$ mit $j \le k \le i$ diese $k$ durch $k+3$.

---

[4]Spaßvögel nennen „$i$: JMP $i$" einen „dynamischen Halt".

2. *(Modifikation der Instruktionen)* Ersetze zunächst $i : \text{JMP } j$ durch $i : \text{JZ } j + 3$, verschiebe alle Befehle von den Zellen ab $i + 1$ um zwei nach hinten und füge ein:

$$i + 1: \quad \text{DEC} \quad m$$
$$i + 2: \quad \text{JZ} \quad j + 1.$$

Wir müssen an der Stelle $j + 1$ nun ein Programmstück eintragen, welches den Status „N" erzeugt und an der Stelle $j$ einen JZ-Befehl, der dieses Programmstück bei der normalen sequentiellen Abarbeitung überspringt. Wir verschieben also zuerst alle Befehle von den Zellen ab $j$ (d.h. also inklusive der eben modifizierten Stelle $i$) um drei nach hinten und fügen dann ein:

$$j: \quad \text{JZ} \quad j + 3$$
$$j + 1: \quad \text{INC} \quad m$$
$$j + 2: \quad \text{DEC} \quad m.$$

$j = i$ („Dynamischer Halt")

1. *(Anpassung der Sprungadressen)* Ersetze in allen Sprungbefehlen $l : \text{JMP } k$ mit $k > i$ diese $k$ durch $k + 3$.

2. *Modifikation der Instruktionen)* Ersetze $i: \text{JMP } i$ durch $i : \text{JZ } i$. Verschiebe alle Befehle von der Zelle $i + 1$ ab um zwei nach hinten und füge ein:

$$i + 1: \quad \text{DEC} \quad m$$
$$i + 2: \quad \text{JZ} \quad i + 2$$

$j > i$ (Vorwärtssprung)

1. *(Anpassung der Sprungadressen)* Ersetze in allen Sprungbefehlen mit Operanden $k \geq j$ diese Operanden durch $k + 5$. Ersetze ferner in allen Sprungbefehlen mit Operanden $k$ und $i \leq k < j$ diese Operanden durch $k + 2$.

2. *(Modifikation der Instruktionen)* Ersetze zunächst $i : \text{JMP } j$ durch $i : \text{JZ } j + 5$, verschiebe alle Befehle von den Zellen ab $i + 1$ um zwei nach hinten und füge ein:

$$i + 1: \quad \text{DEC} \quad m$$
$$i + 2: \quad \text{JZ} \quad j + 3.$$

Verschiebe alle Befehle von den Zellen ab $j + 2$ um drei nach hinten und füge dann ein:

$$j + 2:\quad \text{JZ}\quad\ j + 5$$
$$j + 3:\quad \text{INC}\quad m$$
$$j + 4:\quad \text{DEC}\quad m.$$

Wir ersparen uns hier den Beweis, daß diese Transformationen korrekt sind.  $\square$

Die Programmtransformationen aus diesem Beweis wollen wir uns nochmals veranschaulichen; dabei bezeichne $\gamma_i$ eine beliebige Instruktion:

**1. Rückwärtssprung:**

| | | |
|---|---|---|
| $0:$ | $\gamma_0$ | |
| | $\ldots$ | |
| $j:$ | $\gamma_j$ | |
| $j+1:$ | $\gamma_{j+1}$ | |
| | $\ldots$ | |
| $i:$ | JMP | $j$ |
| $i+1:$ | $\gamma_{i+1}$ | |
| | $\ldots$ | |

$\Longrightarrow$

| | | |
|---|---|---|
| $0:$ | $\gamma_0$ | |
| | $\ldots$ | |
| $j:$ | JZ | $j+3$ |
| $j+1:$ | INC | $m$ |
| $j+2:$ | DEC | $m$ |
| $j+3:$ | $\gamma_j$ | |
| $j+4:$ | $\gamma_{j+1}$ | |
| | $\ldots$ | |
| $i+3:$ | JZ | $j+3$ |
| $i+4:$ | DEC | $m$ |
| $i+5:$ | JZ | $j+1$ |
| $i+6:$ | $\gamma_{i+1}$ | |
| | $\ldots$ | |

**2. Dynamischer Halt:**

| | | |
|---|---|---|
| $0:$ | $\gamma_0$ | |
| | $\ldots$ | |
| $i:$ | JMP | $i$ |
| $i+1:$ | $\gamma_{i+1}$ | |
| | $\ldots$ | |

$\Longrightarrow$

| | | |
|---|---|---|
| $0:$ | $\gamma_0$ | |
| | $\ldots$ | |
| $i:$ | JZ | $i$ |
| $i+1:$ | DEC | $m$ |
| $i+2:$ | JZ | $i+2$ |
| $i+3:$ | $\gamma_{i+1}$ | |
| | $\ldots$ | |

**3. Vorwärtssprung:**

$$
\begin{array}{ll}
0: & \gamma_0 \\
& \cdots \\
\hline
i: & \text{JMP} \quad j \\
\hline
i+1: & \gamma_{i+1} \\
& \cdots \\
\hline
j: & \gamma_j \\
\hline
j+1: & \gamma_{j+1} \\
& \cdots
\end{array}
\qquad \Longrightarrow \qquad
\begin{array}{ll}
0: & \gamma_0 \\
& \cdots \\
\hline
i: & \text{JZ} \quad j+5 \\
i+1: & \text{DEC} \quad m \\
i+2: & \text{JZ} \quad j+3 \\
\hline
i+3: & \gamma_{i+1} \\
& \cdots \\
\hline
j+2: & \text{JZ} \quad j+5 \\
j+3: & \text{INC} \quad m \\
j+4: & \text{DEC} \quad m \\
\hline
j+5: & \gamma_j \\
\hline
j+6: & \gamma_{j+1} \\
& \cdots
\end{array}
$$

**Lemma 3.14** JNZ *ist entbehrlich.*

**Beweis:** $\pi$ enthalte eine Instruktion $i$: JNZ $j$. Im Prinzip könnten wir nun wie im Fall der JMP-Instruktion eine JNZ-Instruktion durch ein Programmstück ersetzen, wobei der Rest des Programms entsprechend verschoben und alle möglichen Sprungziele angepaßt werden müßten. Das wäre jedoch viel zu viel Aufwand. Programmierer, die (wie wir) in der Maschinensprache programmieren, verwenden in solchen Fällen eine Technik des Auslagerns, wobei die Instruktion, die durch ein ganzes Programmstück ersetzt werden soll, durch einen unbedingten Sprung an die erste freie Stelle hinter dem Programm ersetzt wird. Dort trägt man das ausgelagerte Stück ein; man nennt es dann einen „Rucksack" oder einen „Balkon".

Sei $m_0$ die erste freie Stelle im Programmspeicher. Wir ersetzen $i$: JNZ $j$ durch $i$: JMP $m_0$ und tragen ab $m_0$ folgenden Rucksack ein:

$$
\begin{array}{lll}
m_0: & \text{JZ} & i+1 \\
m_0+1 & \text{JMP} & j
\end{array}
$$

$\square$

**Lemma 3.15** ADD *ist entbehrlich.*

**Beweis:** In Beispiel 3.11 haben wir gezeigt, daß es ein URM-Programm gibt, welches die Addition berechnet. Dabei wird jedoch der Wert der zweiten Variablen zerstört. Dies muß durch eine ASN-Instruktion behoben werden, die den Wert dieser Variablen kopiert.

Sei also $\pi$ ein URM-Programm mit einer Instruktion $m$: ADD $i, j, k$. Sei $m_0$ die erste freie Stelle im Programmspeicher hinter $\pi$ und $k_0$ die Nummer eines von $\pi$ nicht benutzten Registers. Ersetze dann $m$: ADD $i, j, k$ durch $m$: JMP $m_0$ und trage ab $m_0$ folgenden Rucksack ein:

| | | | |
|---|---|---|---|
| $m_0$: | ASN | $k_0, k$ | (Kopiere den Wert von $k$) |
| $m_0 + 1$: | ASN | $i, j$ | (Initialisiere $i$ mit $j$) |
| $m_0 + 2$: | DEC | $k_0$ | |
| $m_0 + 3$: | JZ | $m + 1$ | (Rücksprung an die Stelle hinter ADD) |
| $m_0 + 4$: | INC | $i$ | |
| $m_0 + 5$: | JMP | $m_0 + 2$ | |

Der Beweis der Gleichwertigkeit des so erhaltenen Programms mit dem ursprünglichen Programm folgt aus 3.11. $\qquad\Box$

**Lemma 3.16** SUB *ist entbehrlich.*

**Beweis:** Sei $\pi$ ein URM-Programm mit einer Instruktion $m$ : SUB $i, j, k$, $m_0, k_0$ wie oben. Ersetze $m$ : SUB $i, j, k$ durch $m$ : JMP $m_0$ und trage ab $m_0$ folgenden Rucksack ein:

| | | | |
|---|---|---|---|
| $m_0$: | ASN | $k_0, k$ | (Kopiere den Wert von $k$) |
| $m_0 + 1$: | ASN | $i, j$ | (Initialisiere $i$ mit $j$) |
| $m_0 + 2$: | DEC | $k_0$ | |
| $m_0 + 3$: | JZ | $m_0 + 7$ | (Vor Rücksprung muß Status N werden) |
| $m_0 + 4$: | DEC | $i$ | |
| $m_0 + 5$: | JZ | $m + 1$ | (Rücksprung mit Status Z) |
| $m_0 + 6$: | JMP | $m_0 + 2$ | |
| $m_0 + 7$: | INC | $k_1$ | ($k_1$ ein freies Register) |
| $m_0 + 8$: | DEC | $k_1$ | |
| $m_0 + 9$: | JMP | $m + 1$ | (Rücksprung mit Status N) |

$\qquad\Box$

Beim Beweis von 3.15 und 3.16 haben wir immerhin noch die ASN-Anweisung benutzt. Es gilt jedoch:

**Lemma 3.17** ASN *ist entbehrlich.*

**Beweis:** Sei $\pi$ ein URM-Programm mit einer Anweisung $m$: ASN $i, j$. Seien $m_0, k_0$ wie oben. Ersetze wieder $m$: ASN $i, j$ durch $m$: JMP $m_0$ und trage ab $m_0$ folgenden Rucksack ein:

$m_0$:        DEC        $j$
$m_0 + 1$:    JZ        $m_0 + 4$    (Schleife zur Übertragung von $j$ nach $k_0$)
$m_0 + 2$:    INC        $k_0$
$m_0 + 3$:    JMP        $m_0$
$m_0 + 4$:    ZERO        $i$        (Initialisierung von $i$)
$m_0 + 5$:    DEC        $k_0$
$m_0 + 6$:    JZ        $m + 1$    (Schleife zur Übertragung von $k_0$ nach
$m_0 + 7$:    INC        $i$        $i$ und $j$)
$m_0 + 8$:    INC        $j$
$m_0 + 9$:    JMP        $m_0 + 5$

Wir wollen hier nicht formal beweisen, daß dieses Verfahren korrekt ist. $\square$

**Lemma 3.18** ZERO *ist entbehrlich.*

**Beweis:**   In diesem Fall sieht der Rucksack für $m$: ZERO $i$ so aus:

$m_0$:        DEC        $i$
$m_0 + 1$:    JZ        $m + 1$
$m_0 + 2$:    JMP        $m_0$

$\square$

**Lemma 3.19** MUL *ist entbehrlich.*

**Beweis:**   Wir legen für $m$: MUL $i, j, k$ folgenden Rucksack an:

$m_0$:        ASN        $k_0, k$
$m_0 + 1$:    ZERO        $i$
$m_0 + 2$:    DEC        $k_0$
$m_0 + 3$:    JZ        $m + 1$
$m_0 + 4$:    ADD        $i, i, j$
$m_0 + 5$:    JMP        $m_0 + 2$

$\square$

**Lemma 3.20** DIV *ist entbehrlich.*

**Lemma 3.21** MOD *ist entbehrlich.*

Die Beweise dieser beiden Lemmata sind Übungsaufgaben.

Insgesamt läßt sich auf diese Weise, da wir keine Schleife in unserer Argumentation haben, zeigen, daß sich jedes URM-Programm auf ein äquivalentes Programm transformieren läßt, das nur die Instruktionen INC, DEC und JZ enthält. In völliger Symmetrie dazu hätte man natürlich auch alles auf INC, DEC und JNZ reduzieren können.

Die Registermaschine URM wurde 1963 von J. C. SHEPHERDSON und H. E. STURGIS [SS63] übrigens in der eingeschränkten Variante mit nur drei Instruktionen (allerdings für Wortmengen statt natürlicher Zahlen) vorgestellt. Man zeigt dann, daß diese Maschine *universell* ist, d.h. mit ihr lassen sich alle berechenbaren Funktionen berechnen.

Untersuchungen der hier in 3.12–3.20 angestellten Art sind typisch für die Theorie der Programmierung, ebenso wie die Frage, welche Funktionsklassen sich mit einer bestimmten Maschine und einem bestimmten Instruktionssatz berechnen lassen.

Wenn man URM-Programme lesen und verstehen will, stellt sich heraus, daß man nicht leicht den Überblick über den Programmablauf erhält. Wir stellen deshalb eine graphische Notation vor, die diesen Überblick erleichtert und im übrigen auch bei der Herstellung von URM-Programmen sehr hilfreich sein kann: die sogenannten *Flußdiagramme*.

**Definition 3.22** *(Übersetzung von URM-Programmen in Flußdiagramme)*
Sei $\pi$ ein URM-Programm. Ordne den einzelnen Instruktionen Bildelemente zu nach den folgenden Vorschriften; dabei sei $\gamma \in \{$STOP, INC $i$, DEC $i$, ZERO $i$, ASN $i,j$, ADD $i,j,k$, SUB $i,j,k$,  MUL $i,j,k$,  DIV $i,j,k$, MOD $i,j,k\}$:

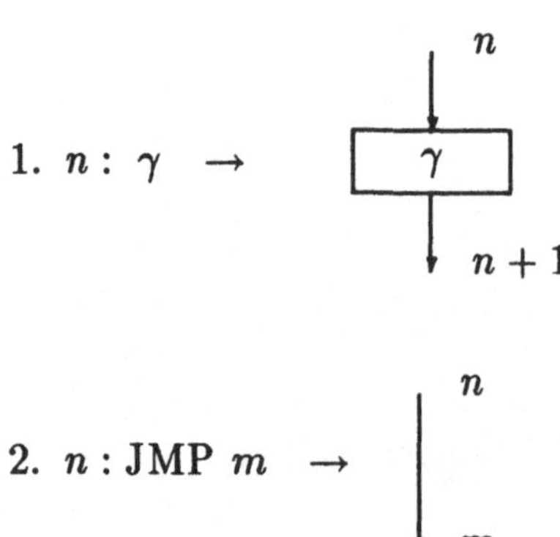

1. $n : \gamma \quad \rightarrow$

2. $n : $ JMP $m \quad \rightarrow$

3. $n : JZ\ m \quad \rightarrow$

4. $n : JNZ\ m \quad \rightarrow$

Verklebe anschließend diese Bildteile an Enden mit gleichen Zahlen und lasse die Zahlen weg.

Man nimmt sich dabei die Freiheit heraus, die rechteckigen Kästchen mit den Aktionen auch von links nach rechts statt von oben nach unten anzuordnen; dies gilt speziell in dem Zweig rechts von einem bedingten Sprung.

Flußdiagramme waren früher ein sehr wichtiges Mittel zur Programmbeschreibung und -entwicklung und sind auch heute noch für die Analyse von Programmen in Maschinensprache oder BASIC fast unentbehrlich; die Darstellungsmittel und ihre richtige Verwendung werden durch entsprechende DIN- bzw. ISO-Normen präzise definiert. Seit dem Aufkommen moderner, sogenannter „strukturierter" Programmiersprachen (wie z.B. PASCAL) ist es eher ein Fehler, in Flußdiagrammen zu denken.

Der Vollständigkeit halber wollen wir noch angeben, wie man aus einem Flußdiagramm ein URM-Programm erzeugt:

**Definition 3.23** Gegeben sei ein Flußdiagramm, das genau einen Eingangspunkt hat. Numeriere die Kästchen in dem Diagramm nach folgenden Regeln:

1. Das erste Kästchen hinter dem Eingangspunkt erhält die Nummer 0.

2. Die Kästchen werden in der Reihenfolge der Pfeile numeriert; dabei werden bei den Verzweigungskästchen zunächst die nach rechts führenden Pfeile ignoriert.

3. In Pfeile, die zu einem früheren Punkt im Flußdiagramm zurückführen, wird je ein leeres Kästchen eingefügt, das auch entsprechend diesen Konventionen numeriert wird. (Hieraus werden später JMP-Instruktionen.)

4. Anschließend erfolgt die Numerierung der nach rechts führenden Zweige der Verzweigungskästchen in der Reihenfolge der Pfeile.

Anschließend wird durch Umkehrung der Abbildungen in der vorangehenden Definition hieraus ein URM-Programm zusammengesetzt. Die leeren Kästchen werden dabei durch JMP-Instruktionen ersetzt.

## 3.1   Aufgaben

**Aufgabe 3.1** Beweisen Sie, daß DIV entbehrlich ist.

**Aufgabe 3.2** Beweisen Sie, daß MOD entbehrlich ist.

# Kapitel 4

# Eine einfache Programmiersprache

Jede Sprache hat ihren eigenen Satzbau (Syntax); die Syntaxregeln werden
meist großzügig gehandhabt. In der Regel verstehen wir auch noch Sätze,
die syntaktisch vollkommen falsch sind. Da Computer jedoch über keinerlei
Intelligenz verfügen, sind die Syntaxregeln für Computersprachen wesentlich strenger als für natürliche Sprachen und müssen auch strikt eingehalten
werden.

## 4.1   Syntaktische Beschreibungsmittel

Während FORTRAN und COBOL noch eine Syntaxbeschreibung durch
Beispiele und Gegenbeispiele verwenden, wurde 1958 von JOHN BACKUS
bereits eine formale Beschreibung der Syntax von ALGOL (damals noch
IAL) vorgelegt. Das von ihm verwendete Beschreibungsmittel heißt demnach *Backus-Normalform (BNF)*; da später PETER NAUR kleinere Verbesserungen an der Schreibweise vornahm und außerdem wesentlich zur Redak-
tion des ALGOL-Berichts [Al60] beitrug, spricht man auch von der *Backus-
Naur-Form*. Allgemeine Definitionsmechanismen für die Syntax von Programmiersprachen gehen auf Arbeiten des amerikanischen Linguisten NOAM
CHOMSKY zurück, der die syntaktisch korrekten Sätze der englischen Sprache mathematisch präzise beschreiben wollte. Zu diesem Zweck führte er
*Grammatiken* als mathematische Objekte ein, die wir folgerichtig heute als
*Chomsky-Grammatiken* bezeichnen. Chomsky definierte mehrere *Typen* solcher Grammatiken mit unterschiedlicher Leistungsfähigkeit. Der Chomsky-
Typ 0 bietet die größten Möglichkeiten; Chomsky mußte allerdings mit
Enttäuschung feststellen, daß auch dieser allgemeine Grammatik-Typ sich
nicht zur Beschreibung der englischen Sprache eignete. Die *Typ-1-Sprachen*,
d.h. also die Sprachen, die sich durch Chomsky-Grammatiken vom Typ 1
(mit verminderten Fähigkeiten im Vergleich zu Typ-0-Grammatiken) definieren lassen, heißen *kontextsensitive Sprachen* und die Typ-2-Sprachen heißen
*kontextfreie Sprachen*. Alle Programmiersprachen werden im wesentlichen

durch kontextfreie Grammatiken definiert; die oben erwähnte BNF ist formal äquivalent zu einer kontextfreien Chomsky-Grammatik. Dies scheint Backus und Naur jedoch nicht klar gewesen zu sein; sie haben die Notation aus rein pragmatischen Gesichtspunkten so entworfen. Die Theorie der formalen Sprachen zeigt, daß sich die kontextfreien Sprachen mit verhältnismäßig geringem Aufwand maschinell analysieren lassen.

Es sei jedoch an dieser Stelle bemerkt, daß zu der kontextfreien Definition einer Programmiersprache in der Regel noch eine gewisse Menge von zusätzlichen einschränkenden Bedingungen formuliert werden, die sich im Prinzip durch eine kontextsensitive Grammatik beschreiben ließen. Man spricht daher in diesen Fällen von *kontextsensitiven Nebenbedingungen*.

Der Vollständigkeit halber wollen wir noch erwähnen, daß die Chomsky-Grammatiken vom Typ 3 *reguläre Grammatiken* heißen, die zugehörigen Sprachen dementsprechend *reguläre Sprachen*.

### 4.1.1 Backus-Naur-Form

Jede Art von Sprachdefinition ruft ein grundlegendes Problem hervor: Da die Definition der Sprache selbst sprachliche Mittel verwendet, müssen wir zwischen der zu definierenden Sprache *(„Objektsprache")* und der zur Beschreibung verwendeten Sprache *(„Metasprache")* unterscheiden. Dementsprechend spricht man dann auch von *„Objektzeichen"* und *„Metazeichen"*. Es ist relativ klar, daß die Metazeichen in der Objektsprache nicht vorkommen können, sofern man nicht eigens Mechanismen dazu ersinnt.

Die Objektzeichen heißen auch *Terminalzeichen* oder *Terminalsymbole* (lat. „terminalis" = „endgültig") oder *Grundzeichen*. Unter den Metazeichen gibt es in der Regel auch irgendeine Form von *Variablen*, die man oft auch *syntaktische Variablen, Nichtterminalsymbole* oder *Nonterminalsymbole* nennt.

Da wir hier Sprachen definieren wollen, führen wir im folgenden noch einige dazu passende Begriffe ein:

**Definition 4.1** Ein *Alphabet* ist eine endliche Menge $\Sigma$, deren Elemente wir auch *Symbole* nennen. Eine endliche Folge von Symbolen aus $\Sigma$ nennen wir ein *Wort* (über $\Sigma$). Das Zeichen $\varepsilon$ bezeichne das *leere Wort*, d.h. die leere Folge von Zeichen über $\Sigma$. Eine beliebige Menge $L$ von Wörtern über $\Sigma$ nennen wir eine *Sprache* (über $\Sigma$). Die Sprache aller Wörter über $\Sigma$

bezeichnen wir durch $\mathcal{W}(\Sigma)$.

**Definition 4.2** Die *Metazeichen* der BNF sind

- das *Definitionszeichen*    ::=
- das *Alternativzeichen*    |
- die *syntaktischen Variablen*   $\langle$string$\rangle$ ,

wobei „string" eine beliebige Kette von Buchstaben, Ziffern und Leerzeichen ist. Es sei $V$ die Menge der syntaktischen Variablen.

Eine *BNF-Definition* besteht aus

1. der Angabe eines *Grundalphabets* $\Sigma$,

2. einer endlichen Menge von *BNF-Regeln* der Form

$$\langle\text{string}\rangle \quad ::= \quad \alpha$$

oder

$$\langle\text{string}\rangle \quad ::= \quad \alpha_1 | \ldots | \alpha_n,$$

wobei $n \in \mathbb{N}$ und $\alpha, \alpha_1, \ldots, \alpha_n \in \mathcal{W}(\Sigma \cup V)$ sind. Dabei darf es für jede syntaktische Variable $\langle A \rangle$ höchstens eine Regel mit linker Seite $\langle A \rangle$ geben.

3. der Angabe einer syntaktischen Variablen $\langle S \rangle$ als *Startsymbol*.

Eine BNF-Definition heißt *vollständig*, wenn es für jede syntaktische Variable $\langle A \rangle$, die auf einer rechten Regelseite auftaucht, auch eine Regel mit linker Seite $\langle A \rangle$ gibt.

Im folgenden werden wir stets davon ausgehen, daß eine BNF-Definition vollständig ist. O.B.d.A. nehmen wir an, daß die syntaktische Variable auf der linken Seite der ersten Regel das Startsymbol ist.

**Definition 4.3** Sei $\mathcal{B}$ eine BNF-Definition mit Startsymbol $\langle S \rangle$ und Grundalphabet $\Sigma$. Die Menge $\mathcal{S}(\mathcal{B})$ der *Satzformen* von $\mathcal{B}$ ist die kleinste Teilmenge von $\mathcal{W}(\Sigma \cup V)$ mit den folgenden Eigenschaften:

1. $\langle S \rangle \in \mathcal{S}(\mathcal{B})$.

2. Wenn $\alpha\langle A\rangle\beta \in \mathcal{S}(\mathcal{B})$ für Zeichenfolgen $\alpha, \beta$ über $\Sigma \cup V$ und $\langle A\rangle ::= \gamma$ bzw. $\langle A\rangle ::= \gamma_1|\ldots|\gamma_n$ eine Regel in $\mathcal{B}$ ist, so gilt auch $\alpha\gamma\beta \in \mathcal{S}(\mathcal{B})$ bzw. $\alpha\gamma_i\beta \in \mathcal{S}(\mathcal{B})$ für alle $1 \le i \le n$.

Die *durch $\mathcal{B}$ definierte Sprache* ist definiert als $\mathcal{S}(\mathcal{B}) \cap \mathcal{W}(\Sigma)$.

Wir erkennen in dieser Definition den Grund für die Bezeichnung „kontextfrei": Die syntaktischen Variablen können durch rechte Regelseiten ersetzt werden unabhängig von dem Zusammenhang (Kontext), in dem sie in der Satzform vorkommen. Bei kontextsensitiven Grammatiken ist das anders.

Definition 4.3 liefert eine einfache Methode, Elemente der durch $\mathcal{B}$ definierten Sprache zu erzeugen: Man beginnt mit dem Startsymbol und ersetzt dann nach und nach jeweils eine beliebige syntaktische Variable durch je eine beliebige Alternative der entsprechenden Regel. Der Prozeß bricht ab, wenn keine syntaktischen Variablen mehr vorhanden sind.

**Beispiel 4.4** An einigen einfachen BNF-Definitionen möchten wir die davon definierten Satzformen und Sprachen vorstellen. Dabei gelte überall $\Sigma = \{a, b\}$.

1.  $\langle S\rangle ::= ab \mid a\langle S\rangle b$

    Hieraus ergeben sich die Satzformen $\langle S\rangle$, $ab$, $a\langle S\rangle b$, $aabb$, $aa\langle S\rangle bb$ usf. Es fällt daher nicht schwer, einzusehen, daß die von dieser BNF-Definition erzeugte Sprache sich auch als $\{a^n b^n \mid n \ge 1\}$ beschreiben läßt.

2.  $\langle S\rangle ::= a\langle S\rangle b$

    Dieses Beispiel zeigt, daß die von einer BNF-Definition definierte Sprache auch leer sein kann; es ist nämlich möglich, daß alle nach Definition 4.3 erzeugbaren Satzformen wie hier noch syntaktische Variablen enthalten.

3.  Dieser Sachverhalt muß nicht unbedingt an der Definition auf den ersten Blick erkenntlich sein, da es auch *überflüssige Nonterminalsymbole* gibt:

$$\langle S \rangle ::= a\langle A \rangle$$
$$\langle A \rangle ::= a\langle A \rangle b$$
$$\langle B \rangle ::= ab$$

Hier gibt es zwar eine Regel, die auf der rechten Seite keine syntaktische Variable mehr enthält, aber das entsprechende Nonterminal $B$ kann in keiner Satzform auftreten. $B$ ist ein *unerreichbares Nonterminalsymbol*.

Die Frage, ob die durch eine BNF-Definition erzeugte Sprache leer ist, kann man relativ leicht (algorithmisch) entscheiden. Mit dieser und ähnlichen Fragen beschäftigt sich die Theorie der *Formalen Sprachen*.

**Beispiel 4.5** Ein Software-Büro möchte für seine Programme eindrucksvolle Beschreibungen generieren und verwendet dazu die folgende BNF-Definition $\mathcal{B}$:

$\langle \text{Dokumentation} \rangle ::= \text{Das Programm arbeitet nach dem}$
$$\langle P \rangle \text{ der } \langle A \rangle \ \langle S_1 \rangle \langle S_2 \rangle.$$
$\langle P \rangle ::= \text{Prinzip|Verfahren|Algorithmus|System}$
$\langle A \rangle ::= \text{iterierten|rezidivierten|substantivierten}$
$\langle S_1 \rangle ::= \text{Rekursions|Iterations|Varianz|Diversifikations}$
$\langle S_2 \rangle ::= \text{analyse|elimination|substitution|integration}$

Dabei steht die syntaktische Variable $\langle A \rangle$ für „Adjektiv", $\langle S_1 \rangle$ für „erste Substantivhälfte" und $\langle S_2 \rangle$ für „zweite Substantivhälfte". Zu der von $\mathcal{B}$ erzeugten Sprache gehören so eindrucksvolle Sätze wie: *„Das Programm arbeitet nach dem Prinzip der rezidivierten Diversifikationsintegration"*.

**Beispiel 4.6** Als ein Beispiel mit mehr Wirklichkeitsbezug führen wir ein (leicht vereinfachtes) Stück aus der ALGOL60-Syntax vor, und zwar die Definition der sogenannten „Boolean Expressions". Dies sind im wesentlichen die hier in Anhang A.2 eingeführten aussagenlogischen Ausdrücke; allerdings verwendet ALGOL60 die Zeichen $\supset$ für die Implikation und $\equiv$ für die Äquivalenz:

$\langle$Boolean expression$\rangle$ ::= $\langle$implication$\rangle$|
$\qquad\qquad$ $\langle$Boolean expression$\rangle$ $\equiv$ $\langle$implication$\rangle$
$\langle$implication$\rangle$ ::= $\langle$Boolean term$\rangle$|
$\qquad\qquad$ $\langle$implication$\rangle$ $\supset$ $\langle$Boolean term$\rangle$
$\langle$Boolean term$\rangle$ ::= $\langle$Boolean factor$\rangle$|
$\qquad\qquad$ $\langle$Boolean term$\rangle$ $\vee$ $\langle$Boolean factor$\rangle$
$\langle$Boolean factor$\rangle$ ::= $\langle$Boolean secondary$\rangle$|
$\qquad\qquad$ $\langle$Boolean factor$\rangle$ $\wedge$ $\langle$Boolean secondary$\rangle$
$\langle$Boolean secondary$\rangle$ ::= $\langle$Boolean primary$\rangle$|
$\qquad\qquad$ $\neg\langle$Boolean primary$\rangle$
$\langle$Boolean primary$\rangle$ ::= $\langle$logical value$\rangle$|$\langle$variable$\rangle$|
$\qquad\qquad$ ($\langle$Boolean expression$\rangle$)
$\langle$logical value$\rangle$ ::= **true**|**false**

Diese BNF-Definition ist nicht vollständig; es fehlt die Definition von $\langle$variable$\rangle$. Wir wollen annehmen, daß eine $\langle$variable$\rangle$ eine Folge von Buchstaben und Ziffern ist, die mit einem Buchstaben beginnt.

Worin liegt nun der Wert einer solchen formalen Syntaxbeschreibung? Zum einen kann man sich relativ leicht davon überzeugen, ob eine bestimmte Formulierung, die man gerne verwenden möchte, syntaktisch korrekt ist, indem man nämlich versucht, diese Formulierung durch die angegebenen Regeln aus dem Startsymbol abzuleiten *(„Erzeugungsprozeß")*. Andererseits lassen sich die Regeln aber auch in umgekehrter Richtung interpretieren, so daß es möglich wird, maschinell zu entscheiden, ob (und ggf. auf welche Weise) eine vorgelegte Zeichenkette mit einer solchen BNF-Definition erzeugt worden sein kann *(„Erkennungsprozeß")*.

Je nach Art der BNF-Definition kann dieser Erkennungsprozeß, der bei jeder Behandlung einer Programmiersprache durch einen Compiler, d.h. also ein Übersetzungsprogramm, erfolgen muß, mehr oder weniger leicht zu bewerkstelligen sein. Wir wollen dies hier nicht weiter diskutieren. Am Beispiel wollen wir jedoch zeigen, daß die Umkehrung der Erzeugung in Form einer Erkennung durchaus möglich ist.

**Beispiel 4.7** Sei $\mathcal{B}$ die BNF-Definition aus Beispiel 4.6 und sei folgende Zeichenkette gegeben:

$$\neg x \vee b \wedge x \supset \mathbf{true} \equiv c.$$

Wir wollen feststellen, ob dies eine ⟨Boolean expression⟩ ist. Dazu können wir wie folgt argumentieren: Da die Zeichenkette das Zeichen $\equiv$ enthält, kommt nur die zweite Alternative der ersten Regel in Frage. Es müßte daher nachgewiesen werden, daß $c$ eine ⟨implication⟩ ist und $\neg x \vee b \wedge x \supset$ **true** eine ⟨Boolean expression⟩. Das erste Ziel läßt sich über die Kette ⟨implication⟩ → ... → ⟨variable⟩ leicht erfüllen. Betrachten wir das zweite Ziel. Die in Frage kommende Zeichenkette enthält $\equiv$ nicht mehr, also muß es einfach eine ⟨implication⟩ sein. Da sie tatsächlich das Zeichen $\supset$ enthält, kommt nur die zweite Alternative der zweiten Regel in Frage. Es müßte also **true** ein ⟨Boolean term⟩ sein und $\neg x \vee b \wedge x$ eine ⟨implication⟩. Wiederum ist das erste Ziel leicht erfüllt und wir stehen vor der Aufgabe, nachzuweisen, daß $\neg x \vee b \wedge x$ ein ⟨Boolean term⟩ ist. Da das Zeichen $\vee$ hierin vorkommt, kommt auch von der dritten Regel wiederum die zweite Alternative in Frage; es muß daher $b \wedge x$ ein ⟨Boolean factor⟩ sein und $\neg x$ ein ⟨Boolean term⟩. Zur Erfüllung des ersten Ziels weist man entsprechend der zweiten Alternative der vierten Regel nach, daß $b$ ein ⟨Boolean factor⟩ ist und $x$ ein ⟨Boolean secondary⟩. Das zweite Ziel ergibt sich dann noch nach der zweiten Alternative der fünften Regel, da $x$ ein ⟨Boolean primary⟩ ist. Der eingegebene Ausdruck ist also syntaktisch korrekt.

Zu beachten ist dabei übrigens, daß wir bei diesem Erkennungsprozeß unmerklich durch die Bildung von Teilzielen (syntaktischen Unterstrukturen) den Term folgendermaßen geklammert haben:

$$(((\neg x) \vee (b \wedge x)) \supset \textbf{true}) \equiv c,$$

d.h. die in A.2.1 formulierten Prioritätsregeln sind von Backus und Naur unauffällig in die BNF-Syntax eingearbeitet worden.

Compiler haben es mit der Erkennung von Programmen schwerer als wir in diesem Beispiel, da man von ihnen erwartet, daß sie einen Eingabetext zeichenweise möglichst nur einmal von links nach rechts lesen und dabei erkennen. Wir sind in der Eingabezeichenkette mehrmals hin und her gelaufen.

## 4.1.2  Erweiterte BNF

Die BNF in der Originalform läßt sich zwar eins zu eins in eine kontextfreie Grammatik übersetzen, ist aber ansonsten für die praktische Anwendung oft etwas unhandlich. Am Beispiel 4.6 sehen wir, daß die *Wiederholung* von Teilstrukturen (wie z.B. beim ⟨Boolean term⟩) etwas schwerfällig zu beschreiben ist; außerdem müssen häufiger syntaktische Hilfsvariablen eingeführt werden, für die man sich dann in der Regel eigens sinnfällige Bezeichnungen ausdenken muß (wie z.B. ⟨Boolean secondary⟩).

N. WIRTH, der Schöpfer von PASCAL, hat daher die BNF nochmals überarbeitet und nennt das Ergebnis EBNF (Extended BNF, erweiterte BNF). EBNF hat einige Metazeichen mehr als BNF, die dazu dienen, *optionale Teile* zu charakterisieren (d.h. Dinge, die man auch weglassen darf) und *Wiederholungen*. Dafür gibt es einen relativ einfachen Mechanismus, jedes beliebige Zeichen inklusive der Metazeichen als Terminalzeichen zu betrachten, da nämlich in der EBNF Terminalzeichen zwischen *Anführungszeichen* "..." stehen müssen.[1]  Sofern man in der Objektsprache selbst Anführungszeichen braucht, gilt die Vereinbarung, daß ein *doppeltes Anführungszeichen* in einer Terminalkette der Metasprache ein einfaches Anführungszeichen in der Objektsprache bedeutet. Also steht "" "" für " und "" "" für ".

Bei der Darstellung der EBNF orientieren wir uns an [JW75].

**Definition 4.8** Die Metazeichen der EBNF sind

- Das *Definitionszeichen*             =
- das *Alternativzeichen*              |
- die *Anführungszeichen*            " "
- die *Wiederholungsklammern*      { }
- die *Optionsklammern*             [ ]
- die *Gruppenklammern*             ( )
- der *Punkt*                         .
- die *syntaktischen Variablen*    string ,

wobei „string" eine beliebige Kette von Buchstaben und Ziffern ist. Ist wiederum $V$ die Menge der syntaktischen Variablen, so ist die Menge $T(\Sigma, V)$ der *EBNF-Terme* gegeben durch

1. $V \subseteq T(\Sigma, V)$.

2. Ist $w$ eine Folge von Terminalsymbolen in $\Sigma$, so ist "$w$"$\in T(\Sigma, V)$.

3. Für $\alpha \in T(\Sigma, V)$ sind auch

   (a) $(\alpha) \in T(\Sigma, V)$,

   (b) $[\alpha] \in T(\Sigma, V)$ und

---

[1] Beachte, daß die linken und rechten Anführungszeichen verschieden sind!

(c) $\{\alpha\} \in \mathcal{T}(\Sigma, V)$.

4. Für $\alpha_1, \ldots, \alpha_n \in \mathcal{T}(\Sigma, V)$ sind auch

   (a) $\alpha_1 | \ldots | \alpha_n \in \mathcal{T}(\Sigma, V)$ und

   (b) $\alpha_1 \alpha_2 \ldots \alpha_n \in \mathcal{T}(\Sigma, V)$.

Eine EBNF-Definition besteht aus

1. der Angabe eines *Grundalphabets* $\Sigma$,

2. einer endlichen Menge von EBNF-Regeln der Form

$$\text{string} \quad ::= \quad \alpha. \,,$$

wobei $\alpha$ ein EBNF-Term ist,

3. der Angabe einer syntaktischen Variablen als Startsymbol.

**Bemerkungen:**

1. Beachte den Punkt am Ende jeder Regel; dieser ist Bestandteil der Regel und nicht etwa ein Terminalzeichen.

2. Da wir jetzt keine spitzen Klammern um die syntaktischen Variablen mehr haben, dürfen diese auch keine Leerstellen mehr enthalten (wie in ⟨Boolean secondary⟩). In Fällen, wo sich als Bezeichnung für eine syntaktische Variable ein Begriff aus mehreren Wörtern anbietet, behilft man sich daher, indem man den Anfang der Wörter durch Großschreibung andeutet, etwa „BooleanSecondary".

Die Definition der EBNF ist, wie man sieht, deutlich komplizierter als die der BNF. Dementsprechend ist es auch komplizierter, die von einer EBNF-Definition bestimmte Sprache zu definieren. Dafür lassen sich aber mit der komplexeren Notation Dinge einfacher beschreiben. Bevor wir die Semantik der EBNF definieren, wollen wir als Beispiel die Beschreibung aus 4.6 in EBNF wiederholen:

**Beispiel 4.9** (Vgl. 4.6) Die Boole'schen Ausdrücke von ALGOL60 lassen sich in EBNF so beschreiben:

$$\begin{array}{lcl}
\text{BooleanExpression} & = & \text{implication} \; \{\text{``}\equiv\text{''} \; \text{implication} \}. \\
\text{implication} & = & \text{BooleanTerm} \; \{\text{``}\supset\text{''} \; \text{BooleanTerm}\}. \\
\text{BooleanTerm} & = & \text{BooleanFactor} \; \{\text{``}\vee\text{''} \; \text{BooleanFactor}\}. \\
\text{BooleanFactor} & = & \text{BooleanPrimary} \; \{\text{``}\wedge\text{''} \; \text{BooleanPrimary}\} \\
\text{BooleanPrimary} & = & [\text{``}\neg\text{''}] \, ( \, \text{logicalValue} \mid \text{variable} \mid \\
& & \qquad\qquad \text{``(''} \; \text{BooleanExpression} \; \text{``)''} \, ). \\
\text{logicalValue} & = & \text{``}\textbf{true}\text{''} \mid \text{``}\textbf{false}\text{''}.
\end{array}$$

Zur Definition der Semantik der EBNF benötigen wir zunächst noch zwei Hilfskonstruktionen:

**Definition 4.10** Sei $\Sigma$ ein Alphabet, $L_1, L_2$ Sprachen über $\Sigma$. Das *Komplexprodukt* $L_1 L_2$ von $L_1$ und $L_2$ ist definiert durch

$$L_1 L_2 \stackrel{\text{def}}{=} \{w_1 w_2 \mid w_1 \in L_1 \text{ und } w_2 \in L_2\}\,.$$

Beachte, daß daraus folgt $L_1 \emptyset = \emptyset L_2 = \emptyset$.

Für eine Sprache $L$ über $\Sigma$ und $n \in \mathbb{N}$ definiere

$$\begin{array}{lcl}
L^0 & \stackrel{\text{def}}{=} & \{\varepsilon\} \\
L^{n+1} & \stackrel{\text{def}}{=} & L L^n
\end{array}$$

Definiere dann

$$L^* \stackrel{\text{def}}{=} \bigcup_{n \in \mathbb{N}} L^n\,.$$

Wir möchten kurz bemerken, daß es jetzt möglich ist, auf die Bezeichnung $\mathcal{W}(\Sigma)$ zu verzichten und statt dessen einfach $\Sigma^*$ zu schreiben.

**Definition 4.11 (Semantik der EBNF)** Die Semantik der EBNF definieren wir durch Rekursion über die EBNF-Terme. Sei $\Sigma$ ein Terminalalphabet, $\mathcal{E}$ eine EBNF-Definition mit Startsymbol $S$, $\mathcal{T}(\Sigma, V)$ die Menge der EBNF-Terme. Dann ist die von $\mathcal{E}$ erzeugte Sprache $\mathcal{L}(\mathcal{E})$ definiert als $[\![S]\!]_{\mathcal{E}}$, wobei

$$[\![\;]\!]_{\mathcal{E}} : \mathcal{T}(\Sigma, V) \longrightarrow \mathcal{P}(\Sigma^*)$$

wie folgt definiert ist:

1. Für $v \in V$ ist $[v]_{\mathcal{E}} \overset{\text{def}}{=} \begin{cases} [\alpha]_{\mathcal{E}} & \text{falls } v = \alpha. \text{ eine Regel in } \mathcal{E} \text{ ist} \\ \emptyset & \text{sonst} \end{cases}$

2. $["w"]_{\mathcal{E}} \overset{\text{def}}{=} \{w\}$

3. $[(\alpha)]_{\mathcal{E}} \overset{\text{def}}{=} [\alpha]_{\mathcal{E}}$

4. $[\,[\alpha]\,]_{\mathcal{E}} \overset{\text{def}}{=} \{\varepsilon\} \cup [\alpha]_{\mathcal{E}}$

5. $[\,\{\alpha\}\,]_{\mathcal{E}} \overset{\text{def}}{=} [\alpha]_{\mathcal{E}}^{*}$

6. $[\alpha_1 \ldots \alpha_n]_{\mathcal{E}} \overset{\text{def}}{=} [\alpha_1]_{\mathcal{E}} \ldots [\alpha_n]_{\mathcal{E}}$

7. $[\alpha_1 | \ldots | \alpha_n]_{\mathcal{E}} \overset{\text{def}}{=} [\alpha_1]_{\mathcal{E}} \cup \ldots \cup [\alpha_n]_{\mathcal{E}}$

**Bemerkung:** Der Begriff „Semantik" in dieser Definition bedarf vielleicht einer kurzen Erklärung. Wir haben es hier wieder mit dem Unterschied zwischen Objekt- und Metasprache zu tun. Wir werden später von Syntax und Semantik einer einfachen Programmiersprache sprechen, wobei die Syntax dieser Objektsprache durch eine EBNF-Definition gegeben ist. Eine EBNF-Definition selbst ist jedoch wiederum ein syntaktisches Objekt der Metasprache. Ihre Semantik ist die Objektsprache. Anders ausgedrückt, ergibt sich der syntaktische Anteil der Programmiersprache als Semantik der EBNF-Definition, gegebenenfalls eingeschränkt durch kontextsensitive Bedingungen.

Mehr des Interesses halber stellen wir noch vor, wie man die EBNF in EBNF definieren kann:

**Beispiel 4.12 (Definition von EBNF in EBNF)** [JW75]

| | | |
|---|---|---|
| Syntax | = | {Production}. |
| Production | = | NonTerminal "=" Expression "." . |
| Expression | = | Term { "\|" Term }. |
| Term | = | Factor { Factor }. |
| Factor | = | NonTerminal \| Terminal \| "(" Expression ")" \| |
| | | "[" Expression "]" \| "{" Expression "}" . |
| Terminal | = | " " " " Character {Character} " " " " . |
| NonTerminal | = | Letter {Letter \| Digit } . |

Hier müßten noch die Definitionen für „Letter", „Character" und „Digit" in naheliegender Weise ergänzt werden.

Auch für die EBNF gilt, was wir zuvor über die BNF gesagt haben: Es sind in der Regel noch kontextsensitive Bedingungen mit in die Syntaxdefinition verwickelt.

### 4.1.3  Syntaxdiagramme

EBNF erlaubt bereits übersichtlichere Syntaxdefinitionen als die BNF in der Originalform. Darüber hinaus hat sie außerdem die Eigenschaft, daß man sie sehr leicht in eine graphische Notation, die ebenfalls von N. WIRTH erdachten *Syntaxdiagramme*, übersetzen kann. Die graphische Version ist naturgemäß am übersichtlichsten.

**Definition 4.13 (Syntaxdiagramme)** Syntaxdiagramme bestehen aus den folgenden Bestandteilen:

1. Runde Kästchen:

2. Eckige Kästchen:

3. Verbindungen, die aus folgenden Bestandteilen zusammengesetzt sind:

    (a) Gerade und gebogene Linien

    (b) Verzweigungen:
        Verzweigungen kommen stets in Paaren.

Für den Aufbau der Syntaxdiagramme gelten die folgenden Regeln:

1. An jedem Kästchen enden genau zwei Striche, die sich in der Regel gegenüberliegen.

2. Es gibt genau einen Strich, der oben oder links in das Diagramm hineinführt *(Eingang)*.

3. Es gibt genau einen Strich, der unten oder rechts aus dem Diagramm hinausführt *(Ausgang)*.

4. Linien dürfen sich nicht kreuzen.

Darüber hinaus hat jedes Syntaxdiagramm einen eindeutigen *Namen*. Ein *legaler Weg* durch ein Syntaxdiagramm beginnt am Eingang und folgt in gleichbleibender Richtung den Linien, wobei Kästchen einfach durchquert werden. An Verzweigungspunkten darf ein beliebiger Zweig ausgewählt werden, wobei jedoch die „natürliche" Richtung der Verzweigungen beachtet werden muß (Eisenbahnregel).[2]

**Definition 4.14** Die von einem System $S$ von Syntaxdiagrammen *erzeugte Sprache* ist definiert als die Menge aller Zeichenketten, die sich auf folgende Weise gewinnen lassen:

1. Beginne am Eingang des ersten Syntaxdiagramms in $S$.

2. Folge den Linien auf einem legalen Weg; falls dabei der Ausgang erreicht wird, gehe zu Schritt 5. Falls ein Kästchen erreicht wird, gehe zu Schritt 3.

3. Falls das erreichte Kästchen rund ist, notiere die darin enthaltenen Symbole und gehe anschließend zu Schritt 2 zurück. Anderenfalls gehe zu Schritt 4.

4. Falls das erreichte Kästchen eckig ist, unterbrich die Bearbeitung dieses Diagramms. Suche den Eingang des Diagramms in $S$ auf, welches die Zeichenkette in dem erreichten Kästchen als Namen trägt. Falls es kein solches Diagramm in $S$ gibt, wird der Erzeugungsprozeß erfolglos abgebrochen. Anderenfalls arbeite mit dem Eingang des neuen Diagramms rekursiv ab Schritt 2 weiter.

5. Falls es noch unterbrochene Bearbeitungen von Diagrammen gibt, setze die zuletzt unterbrochene Bearbeitung jetzt fort; anderenfalls endet der Erzeugungsprozeß erfolgreich.

Wie man sieht, werden durch diese Definition die Inhalte der runden Kästchen implizit als *Terminalsymbole* und die Inhalte der eckigen Kästchen als *syntaktische Variablen* betrachtet.

---

[2]Zur Klärung der Laufrichtung werden häufig auch *Pfeile* statt einfacher Linien verwendet.

**Beispiel 4.15 (Syntaxdiagramme für BooleanExpression) (Vgl. 4.6, 4.9)**

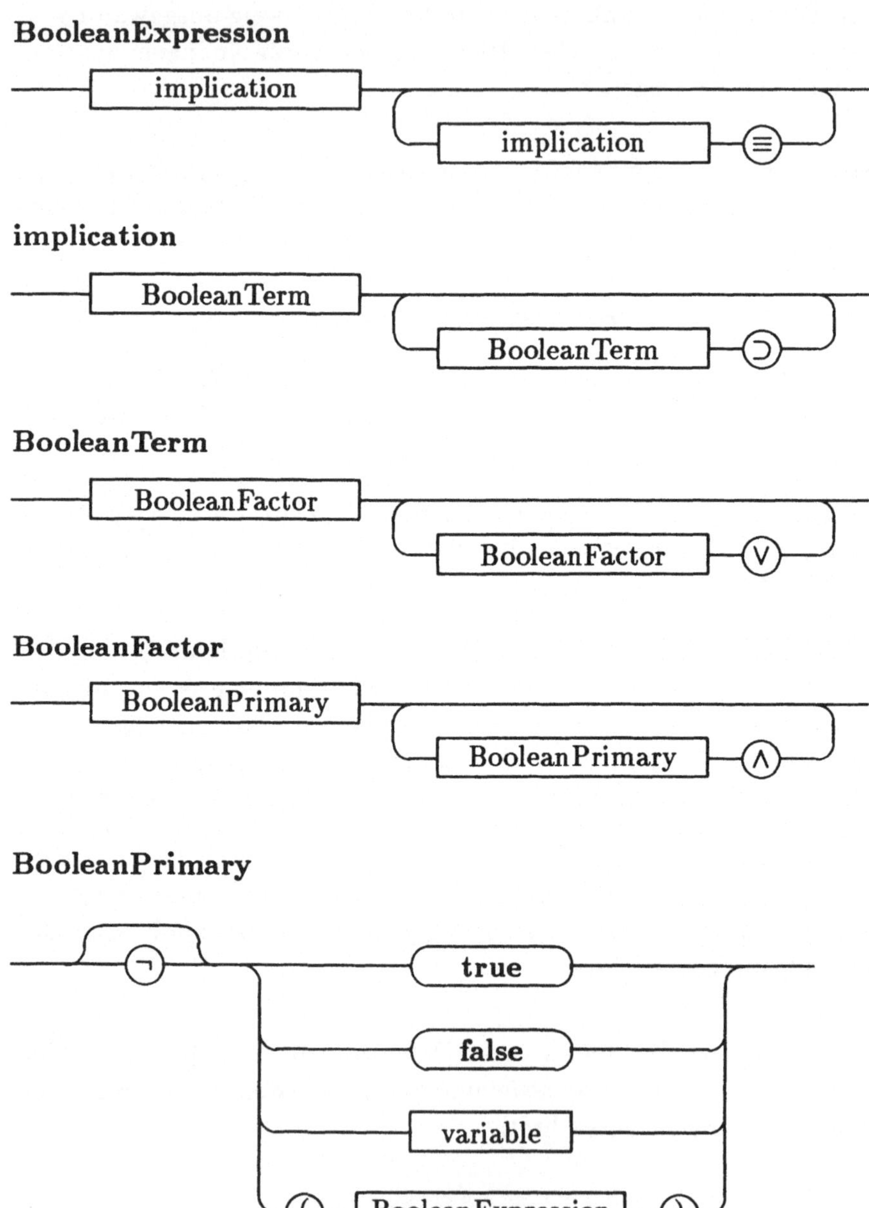

EBNF-Definitionen lassen sich nach den folgenden Regeln leicht in Systeme von Syntaxdiagrammen übersetzen:

## Definition 4.16 (Übersetzung von EBNF in Syntaxdiagramme)

1. Jeder Regel der EBNF-Definition wird ein Syntaxdiagramm zugeordnet, welches das Nonterminal auf der linken Seite der Regel als Namen erhält.

2. Die Übersetzung der rechten Regelseiten definieren wir durch Rekursion über die Struktur der EBNF-Terme wie folgt:

   (a) $v \in V$ wird in ein eckiges Kästchen mit Inhalt $v$ übersetzt:

   (b) $w \in \Sigma^*$ wird in ein rundes Kästchen mit Inhalt $w$ übersetzt:

   (c) $(\alpha)$ wird wie $\alpha$ übersetzt.

   (d) $[\alpha]$ wird wie $\alpha$ übersetzt, wobei jedoch das entstehende Teildiagramm durch eine Verzweigung mit leerem zweitem Zweig *in Vorwärtsrichtung* überbrückt wird:

   (e) $\{\alpha\}$ wird wie $\alpha$ übersetzt, wobei jedoch das entstehende Teildiagramm in einen Zweig *in Rückwärtsrichtung* einer Verzweigung eingetragen wird. Der Vorwärtszweig ist leer:

   (f) $\alpha_1 \ldots \alpha_n$ wird in eine Kette von Teildiagrammen übersetzt, die sich jeweils als Übersetzungen der $\alpha_i$ ergeben:

   (g) $\alpha_1 | \ldots | \alpha_n$ wird in eine Verweigung in $n$ Zweige übersetzt, die sich jeweils als Übersetzungen der $\alpha_i$ ergeben:

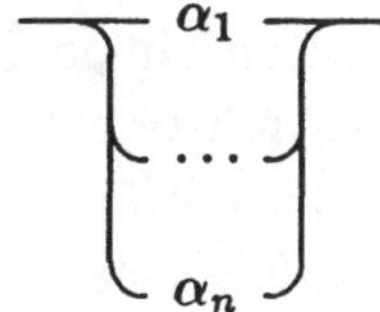

Natürlich müßte man jetzt beweisen, daß die Semantik der abgeleiteten Syntaxdiagramme mit der Semantik der zugrundeliegenden EBNF übereinstimmt.

## 4.2  Syntax von Mini-Pascal

Als Beispielsprache wählen wir einen kleinen Ausschnitt von PASCAL, den wir MINI-PASCAL nennen. Dabei folgen wir im wesentlichen der Sprache PL/0 aus [Wi84], die allerdings im Gegensatz zu MINI-PASCAL keine exakte Teilmenge von PASCAL darstellt.

**Definition 4.17** Die kontextfreie Syntax von MINI-PASCAL ist durch folgende EBNF-Definition gegeben:

```
program     =   "program" ident "(Input,Output);" block ".".
block       =   ["const" ident "=" number
                        {";" ident "=" number} ";"]
                ["var" ident { "," ident}": Integer;"]
                {"procedure" ident ";" block ";"}
                statement.
statement   =   [ident ":=" expression |
                procIdent |
                "begin" statement {";" statement} "end"|
                "if" condition "then" statement |
                "while" condition "do" statement].
condition   =   expression ("="|"<>"|"<"|"<="|">"|">=")
                        expression.
expression  =   ["+"|"–"] term { ("+"|"–") term }.
term        =   factor { ("*"|"div") factor}.
factor      =   ident | number | "(" expression ")".
procIdent   =   ident.
```

Wir haben wiederum die Definition von „number" (ganze Zahl) und „ident" (Bezeichner) weggelassen.

Wir erkennen in dieser Definition einige Bestandteile des Pseudocodes wieder; es sind dies die Wörter **if, while** etc. Im Zusammenhang mit Programmiersprachen nennen wir solche Wörter *Schlüsselwörter*, weil sie bestimmte sprachliche Konstrukte aufschließen, bzw. weil sie zum Verständnis eines Programms eine Schlüsselfunktion übernehmen. Die Schlüsselwörter schreiben wir handschriftlich in der Regel mit Kleinbuchstaben und Unterstreichung, damit sie deutlicher hervortreten. In Programmtexten verwendet man aus dem selben Grund Großbuchstaben; einige Programmiersprachen (z.B. Modula-2) bestehen sogar darauf. Unabhängig von der Groß- und Kleinschreibung dürfen in der Regel die Schlüsselwörter nicht als Namen von Variablen oder anderen deklarierten Objekten verwendet werden. Diese Regel gilt in MINI-PASCAL wie in PASCAL.

**Definition 4.18** Die kontextsensitiven Bedingungen von MINI-PASCAL sind die folgenden:

1. Jeder „ident", der in einem „statement" bzw. einem „factor" eines „block"s vorkommt, muß in einer **const**- oder **var**-Deklaration vereinbart worden sein.

2. Alle „ident" in einer **const**-Deklaration müssen verschieden sein.

3. Alle „ident" in einer **var**-Deklaration müssen paarweise verschieden sein und verschieden sein von allen „ident" der eventuell vorangehenden **const**-Anweisung.

4. Jeder Bezeichner „procIdent", der in einem „statement" vorkommt, muß in einer **procedure**-Anweisung vereinbart worden sein, die diesem „statement" vorangeht.

5. Jeder „procIdent" darf in der Folge von **procedure**-Deklarationen eines „block"s nur einmal vereinbart werden und muß verschieden sein von allen „ident"s der entsprechenden **const**- und **var**-Deklarationen.

Alle Bezeichner („ident") können jedoch innerhalb der eingeschachtelten „block"s nochmals deklariert werden. In diesem Fall „überlagert" die innere Deklaration die äußere, d.h. der in dem äußeren Block deklarierte Bezeichner wird vorübergehend unsichtbar, s.u.

MINI-PASCAL ist eine echte Teilmenge von PASCAL. Im Kapitel 5 werden wir die Erweiterungen von PASCAL gegenüber MINI-PASCAL betrachten. Einige Kommentare seien jedoch bereits hier angebracht: PASCAL verfügt über weitere Datentypen außer dem primitiven Datentyp „Integer" und außerdem noch über kompliziertere Datenstrukturen. MINI-PASCAL kennt im Gegensatz zu PASCAL nur parameterlose Prozeduren; der Datentransfer zwischen Prozeduren und ihren Aufrufumgebungen kann daher nur über sogenannte globale Variablen geschehen; das sind Variablen, die in einem äußeren Block deklariert wurden; siehe hierzu weiter unten die Diskussion über das Blockschachtelungsprinzip. MINI-PASCAL hat außerdem im Vergleich zu PASCAL nur ganz primitive Vorrichtungen zur Ein/Ausgabe, hauptsächlich deshalb, weil wir uns nicht auch noch mit der Semantik von Ein/Ausgabe-Anweisungen auseinandersetzen wollen. Wir nehmen an, daß jedes Programm mit einer **Readln**-Anweisung beginnt, die eine oder mehrere Bezeichner einliest und mit einer **Writeln**-Anweisung endet, die genau einen Ausdruck ausgibt; auf diese Weise wird es einfacher, dem Programm eine Semantik in Form einer von ihm berechneten Funktion $\mathbb{Z}^n \rightsquigarrow \mathbb{Z}$ zuzuordnen. In der formalen Beschreibung der Syntax haben wir diese beiden Anweisungen der Einfachheit halber unterdrückt.

Bevor wir noch die Syntaxdiagramme von MINI-PASCAL vorstellen, wollen wir zunächst noch einige Eigenschaften von PASCAL diskutieren, die sich in MINI-PASCAL ebenfalls wiederfinden:

1. Das *Semikolon* dient als Trennzeichen zwischen Anweisungen, ist aber nicht Bestandteil einer Anweisung. Deshalb brauchen Anweisungen, die unmittelbar vor einem **end** stehen, kein Semikolon als zusätzliche Begrenzung.

2. Programmierer verstehen oft die hier angesprochene Rolle des Semikolons nicht; auch ergibt sich durch Änderungen im fertigen Programm häufiger ein Semikolon vor einem **end**. MINI-PASCAL und PASCAL kennen die *leere Anweisung* („statement"), um gegebenenfalls solche überflüssigen Semikolons aufzuschlucken. (Das führt jedoch zu anderen Problemen, wenn etwa ein Semikolon hinter dem **do** einer **while**-Schleife steht.)

3. PASCAL hat von ALGOL60 das sogenannte *Blockschachtelungsprinzip* übernommen. Jeder Bezeichner ist nur in dem Block bekannt, in dem er deklariert wurde, *sowie* in allen hierin eingeschachtelten Blöcken. Man spricht in diesem Zusammenhang von *Sichtbarkeitsbereichen*. Falls nämlich eine Variable oder eine Prozedur in einem inneren Block neu deklariert wird, wird das entsprechende Objekt des umgebenden Blocks vorübergehend *unsichtbar*; es wird für den inneren Block von der neuen Definition überlagert. Mit Variablen ist

außerdem eine *Lebensdauer* verbunden: Da eine Variable syntaktisch einen eingeschränkten Sichtbarkeitsbereich hat, braucht auch auf der semantischen Seite einer Variablen nur so lange ein bestimmter Speicherplatz zugeordnet zu sein, wie Code aus dem Sichtbarkeitsbereich der Variablen ausgeführt wird. Es können daher nach Verlassen eines Blocks die Speicherplätze für die darin deklarierten sogenannten *lokalen Variablen* wieder freigegeben werden. Umgekehrt müssen, da sich Prozeduren rekursiv aufrufen können, beim Betreten eines Blocks für die darin deklarierten lokalen Variablen neue Speicherplätze angelegt werden.

Zum Blockschachtelungsprinzip geben wir noch ein Beispiel in MINI-PASCAL an, wobei wir annnehmen, daß wie im Pseudocode und im echten PASCAL Kommentare durch (* und *) eingeschlossen werden.

**Beispiel 4.19** Betrachte das folgende MINI-PASCAL-Programm:

```
program Beispiel(Input,Output);
var  A,B,C: Integer;
(* Von hier ab sind A,B und C als Integer-Variable bekannt *)


    procedure p;
    var A,B,D: Integer;
  (* Von hier ab sind die Integer-Variablen A und B aus dem
     Hauptprogramm unsichtbar.   An ihre Stelle treten die
     Integer-Variablen A und B aus der Prozedur p. Die Variable
     C aus dem Hauptprogramm bleibt sichtbar. Zusätzlich wird
     die Variable D sichtbar. *)


        procedure q;
        var C: Integer;
      (* Von hier ab ist C aus dem Hauptprogramm auch unsichtbar.
         Seine Deklaration ist überlagert von dem C aus der Prozedur
         q *)
        begin
          (* Im Rumpf von q bezeichnen A,B und D die in p
             deklarierten Bezeichner, C den in q selbst
             deklarierten Bezeichner.   *)
        end;
```

*(* Von hier ab ist die Deklaration von C in q unsichtbar.*
*Es gilt wieder die ursprüngliche Deklaration. *)*

**begin**
*(* Im Rumpf von p bezeichnen A, B und D die in p selbst*
*deklarierten Bezeichner, C den im Hauptprogramm deklarierten*
*Bezeichner.   *)*
**end;**
*(* Von hier ab sind die Deklarationen von A, B und D in p*
*unsichtbar.   Es gelten wieder die ursprünglichen*
*Deklarationen. *)*

**begin**
*(* A, B und C sind hier die im Hauptprogramm deklarierten*
*Variablen. Die Variable D ist hier nicht bekannt. *)*
**end.**

Wie man sich hier leicht überlegen kann, braucht ein Speicherplatz für die Variable $D$ nur so lange zu existieren, wie wir uns innerhalb der Ausführung der Prozedur $p$ bewegen. Andererseits müssen z.B. die Inhalte der Variablen $A$ und $B$ im Hauptprogramm davor geschützt werden, von $p$ überschrieben zu werden. Wir werden später genau zeigen, wie man dies auf der Maschinenseite garantiert.

Wir geben jetzt noch die Syntaxdiagramme für MINI-PASCAL an:

**Definition 4.20** *(Syntaxdiagramme für* MINI-PASCAL*)* (Vgl. 4.17)

**program**

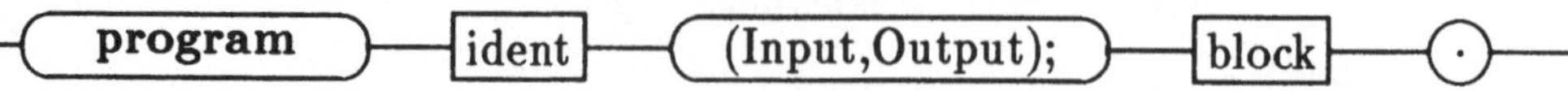

**block**

**statement**

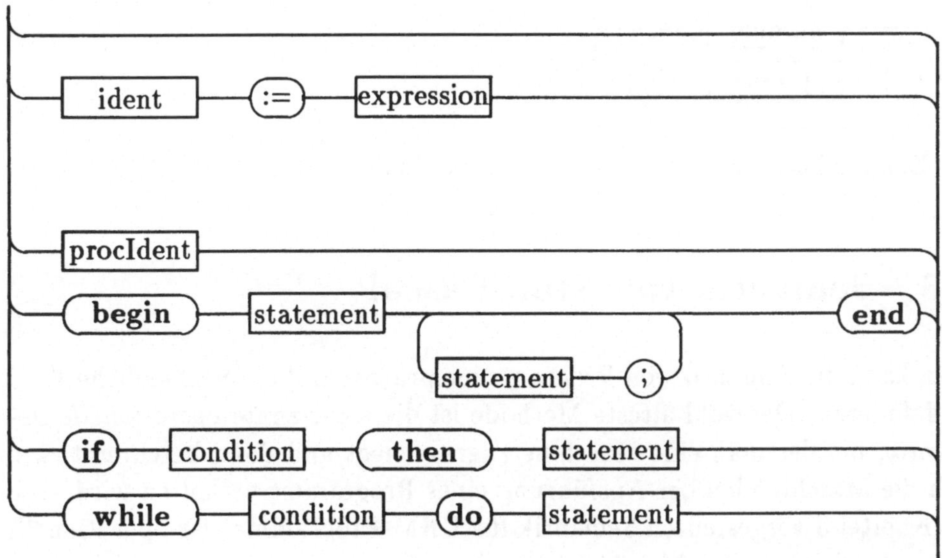

**condition**

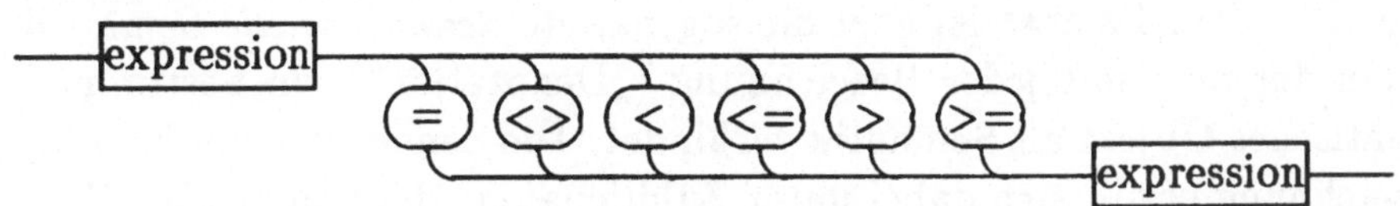

**expression**

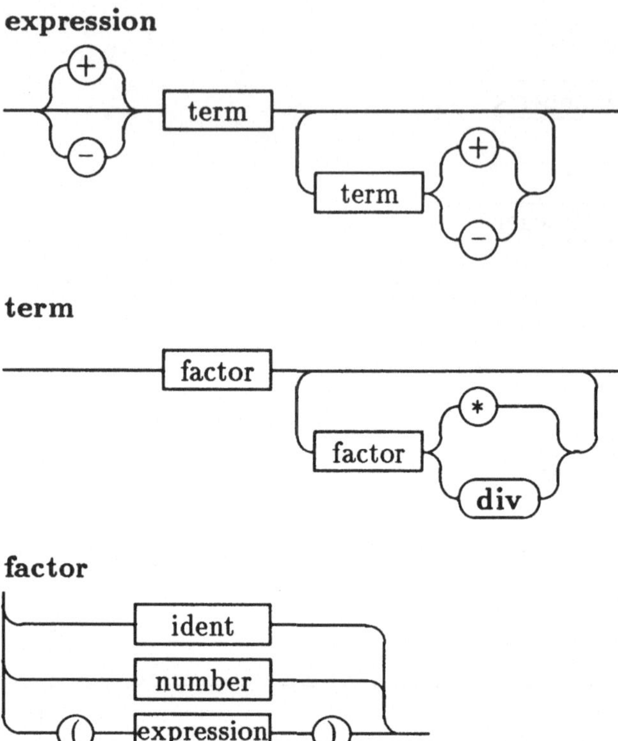

**term**

**factor**

Das triviale Diagramm für „procIdent" lassen wir weg.


## 4.3   Semantik von Mini-Pascal

Man kann die Semantik von Programmiersprachen auf unterschiedliche Weise definieren. Die wohl älteste Methode ist die sogenannte *operationelle Semantik*, bei der man eine Maschine zugrundelegt und dann beschreibt, wie sich die Maschine bei der Ausführung eines Programms verhalten wird. Die im Kapitel 3 vorgestellten Semantik für URM-Programme war operationell, wie sich allgemein für Maschinensprachen eher operationelle Methoden der Semantikdefinition anbieten. Für höhere, *strukturierte* Programmiersprachen wie z.B. MINI-PASCAL ist eher die sogenannte *denotationelle Semantik* üblich, bei der man mit jeder Bezeichnung („Denotation") ein bestimmtes mathematisches Objekt als Semantik verbindet. Die Semantik einer komplexen Bezeichnung ergibt sich dabei unter Zuhilfenahme der Semantiken ihrer

Bestandteile.

Die denotationelle Semantik geht auf Arbeiten von C. STRACHEY und D. SCOTT zurück. Die Sprache MINI-PASCAL wurde so definiert, daß sie sich leicht compilieren läßt, hat aber auch die Eigenschaft, daß sich die denotationelle Semantik leicht definieren läßt.

MINI-PASCAL-Programme bestehen aus *Blöcken*, wobei jeder Block aus *Deklarationen* und *ausführbaren Anweisungen* besteht. Die Semantik von Deklarationen ist die Festlegung eines *Namensraums*, der Namen von Konstanten, Variablen und Prozeduren enthält. Den Variablen eines Namensraums sind *Speicherplätze* zugeordnet, die *Werte* vom Typ „ganze Zahl" enthalten. Wir nehmen an, daß Speicherplätze durch *Adressen*, d.h. natürliche Zahlen bezeichnet werden. Die Gesamtheit der Werte, die auf diese Weise mit den Variablen in Verbindung gebracht werden können, heißt *Zustand*. Die Semantik von ausführbaren Anweisungen ist eine *Zustandsänderung*. Den Prozeduren eines Namensraums ist eine Zustandsänderung zugeordnet. Im Zusammenhang der Zuordnung von semantischen Konzepten zu Namen sprechen wir von „*Umgebungen*" (engl. „environments").

Zur Definition der Semantik brauchen wir daher eine Anzahl sogenannter *semantischer Bereiche*. Die meisten davon werden Mengen partieller Abbildungen sein. Es bezeichne $[A \rightarrow B]$ die Menge der partiellen Abbildungen von $A$ nach $B$. $\Omega$ bezeichne die überall undefinierte partielle Abbildung, unabhängig davon, welche Mengen als Vorbereich und Nachbereich gelten sollen.

**Definition 4.21** Die *semantischen Bereiche* von MINI-PASCAL sind:

**Ide** Namen

**Loc** Variablenumgebungen, $\text{Loc} \stackrel{\text{def}}{=} [\text{Ide} \rightarrow \mathbb{N}]$. Eine Variablenumgebung ordnet einer Menge von Bezeichnern ihre jeweiligen Adressen zu.

**Store** Speicherzustände, $\text{Store} \stackrel{\text{def}}{=} [\mathbb{N} \rightarrow \mathbb{Z}]$. Ein Speicherzustand ordnet einer Menge von Adressen die darunter jeweils gespeicherten Werte zu.

**CEnv** Konstantenumgebungen, $\text{CEnv} \stackrel{\text{def}}{=} [\text{Ide} \rightarrow \mathbb{Z}]$. Eine Konstantenumgebung ordnet einer Menge von Bezeichnern die dadurch jeweils definierten Konstanten zu.

**Stat** Anweisungssemantiken, $\mathsf{Stat} \stackrel{\mathrm{def}}{=} [\mathsf{CEnv} \times \mathsf{Loc} \times \mathsf{PEnv} \times \mathsf{Store} \to \mathsf{Store}]$.
Eine Anweisungssemantik ist die von einer ausführbaren Anweisung
induzierte Transformation auf dem Speicher, die außer vom Inhalt des
Speichers auch noch von den diversen Umgebungen abhängig ist.

**PEnv** Prozedurumgebungen, $\mathsf{PEnv} \stackrel{\mathrm{def}}{=} [\mathsf{Ide} \to \mathsf{Stat}]$. Eine Prozedurumgebung ordnet einer Menge von (Prozedur-) Bezeichnern die jeweilige
Anweisungssemantik ihres Rumpfes zu.

Bei der Definition der semantischen Funktionen benutzen wir die in 3.3
eingeführte Notation zur Beschreibung der Änderungen von Umgebungen.
Wir definieren die Semantik nur für im Sinne von 4.17 syntaktisch korrekte
Programme. Für die Erkennung der Syntax interessieren wir uns in diesem Zusammenhang nicht; man spricht in diesem Zusammenhang auch von
*abstrakter Syntax*.

Die semantischen Funktionen haben alle die Gestalt

$$\mathcal{F}[\alpha]\beta \; ,$$

wobei $\mathcal{F}$ der Name der Funktion ist, $\alpha$ innerhalb der Semantikklammern
ein MINI-PASCAL-Programmstück, welches das Hauptargument der semantischen Funktion ist, und $\beta$ eine Folge weiterer Argumente. Es ist allgemein üblich, diese weiteren Argumente einfach im Sinne einer klammerlosen Präfixnotation anzufügen. Im folgenden verwenden wir die Bezeichnung
**Prog** für beliebige Stücke von MINI-PASCAL-Programmen. Da in Wirklichkeit nicht alle Stücke akzeptiert werden, sind die semantischen Funktionen
alle partiell.

**Definition 4.22 (Semantik von const-Deklarationen)** Die Semantik der
**const**-Deklarationen ist eine Funktion

$$\mathcal{C} : \mathsf{Prog} \times \mathsf{CEnv} \rightsquigarrow \mathsf{CEnv} \; .$$

Sei $\gamma \in \mathsf{CEnv}$. Dann ist

$$\mathcal{C}[i_1 = n_1; \ldots; i_m = n_m;]\gamma \; \stackrel{\mathrm{def}}{=} \; \mathcal{C}[i_m = n_m]\mathcal{C}[i_{m-1} = n_{m-1}] \ldots$$
$$\ldots \mathcal{C}[i_1 = n_1]\gamma \ldots$$

und

$$\mathcal{C}[i = n]\gamma \; = \; \gamma \left[\frac{i}{n}\right]$$

Das Ergebnis einer **const**-Deklaration ist also wieder ein **CEnv**, wobei an die hierin neu deklarierten Konstantennamen neue Werte gebunden werden. Hier stellt es sich als sehr nützlich heraus, die klammerlose Präfixnotation für die meisten Argumente der semantischen Funktionen gewählt zu haben, denn sonst wäre der Ausdruck in der ersten Zeile der Definition von $\mathcal{C}$ mit vielen Klammern belastet. Falls es den entsprechenden Namen in der laufenden Konstantenumgebung noch nicht gab, wird die Umgebung um diesen Namen verlängert. Selbstverständlich werden wir später die Programmsemantik so definieren, daß die Konstantenumgebung zu Beginn $\Omega$ ist.

**Definition 4.23 (Semantik von var-Deklarationen)** Die Semantik der **var**-Deklarationen ist eine Funktion

$$\mathcal{V} : \mathsf{Prog} \times \mathsf{Loc} \rightsquigarrow \mathsf{Loc} \ .$$

Sei $\varphi \in \mathsf{Loc}$. Dann ist

$$\mathcal{V}[\![i_1,\ldots,i_m]\!]\varphi \ \overset{\text{def}}{=} \ \mathcal{V}[\![i_m]\!]\mathcal{V}[\![i_{m-1}]\!]\cdots$$
$$\cdots\mathcal{V}[\![i_1]\!]\varphi\cdots$$

und

$$\mathcal{V}[\![i]\!]\varphi \ \overset{\text{def}}{=} \ \varphi\left[\frac{i}{\mathsf{new}}\right]$$

Dabei bezeichne **new** einen neuen Speicherplatz, der bislang noch nicht einer Variablen zugeordnet wurde, d.h. also eine Zahl $n \in \mathbb{N}$, die noch nicht im Bildbereich von $\varphi$ vorkommt.

Für die Semantik von Prozedurdeklarationen setzen wir an dieser Stelle voraus, daß für Anweisungen („statement"s) $\alpha$ bereits eine Semantik $\mathcal{S}[\![\alpha]\!]$ vom Typ **Stat** definiert ist. Diese Definition holen wir später nach.

**Definition 4.24 (Semantik von procedure-Deklarationen)** Die Semantik der **procedure**-Deklarationen ist eine Funktion

$$\mathcal{P} : \mathsf{Prog} \times \mathsf{PEnv} \rightsquigarrow \mathsf{PEnv} \ .$$

Sei $\pi \in \mathsf{PEnv}$. Dann ist

$$\mathcal{P}[\![\mathbf{procedure}\ i;\alpha]\!]\pi \ \overset{\text{def}}{=} \ \pi\left[\frac{i}{\mathcal{S}[\![\alpha]\!]}\right]$$

**Definition 4.25 (Semantik von Ausdrücken)** Die Semantik von Ausdrücken ist eine Funktion

$$\mathcal{E} : \mathsf{Prog} \times \mathsf{CEnv} \times \mathsf{Loc} \times \mathsf{Store} \rightsquigarrow \mathbb{Z} \ .$$

Sei $\gamma \in \mathsf{CEnv}, \varphi \in \mathsf{Loc}, \sigma \in \mathsf{Store}$. Dann ist

$$\mathcal{E}[\mathrm{ident}]\gamma\varphi\sigma \overset{\mathrm{def}}{=} \begin{cases} \sigma(\varphi(\mathrm{ident})) & \text{falls } \mathbf{var}-\mathrm{ident} \\ \gamma(\mathrm{ident}) & \text{falls } \mathbf{const}-\mathrm{ident} \end{cases}$$

$$\mathcal{E}[\mathrm{number}]\gamma\varphi\sigma \overset{\mathrm{def}}{=} \mathrm{number}$$

$$\mathcal{E}[f_1 * f_2]\gamma\varphi\sigma \overset{\mathrm{def}}{=} \mathcal{E}[f_1]\gamma\varphi\sigma \cdot \mathcal{E}[f_2]\gamma\varphi\sigma$$

$$\mathcal{E}[f_1 \ \mathbf{div} \ f_2]\gamma\varphi\sigma \overset{\mathrm{def}}{=} \lfloor \mathcal{E}[f_1]\gamma\varphi\sigma / \mathcal{E}[f_2]\gamma\varphi\sigma \rfloor$$

$$\mathcal{E}[t_1 + t_2]\gamma\varphi\sigma \overset{\mathrm{def}}{=} \mathcal{E}[t_1]\gamma\varphi\sigma + \mathcal{E}[t_2]\gamma\varphi\sigma$$

$$\mathcal{E}[t_1 - t_2]\gamma\varphi\sigma \overset{\mathrm{def}}{=} \mathcal{E}[t_1]\gamma\varphi\sigma - \mathcal{E}[t_2]\gamma\varphi\sigma$$

$$\mathcal{E}[+t]\gamma\varphi\sigma \overset{\mathrm{def}}{=} \mathcal{E}[t]\gamma\varphi\sigma$$

$$\mathcal{E}[-t]\gamma\varphi\sigma \overset{\mathrm{def}}{=} -\mathcal{E}[t]\gamma\varphi\sigma$$

$$\mathcal{E}[(e)]\gamma\varphi\sigma \overset{\mathrm{def}}{=} \mathcal{E}[e]\gamma\varphi\sigma$$

**Definition 4.26 (Semantik von Bedingungen)** Die Semantik von Bedingungen beschreiben wir ebenfalls durch die für Ausdrücke definierte semantische Funktion. Sei $\gamma \in \mathsf{CEnv}, \varphi \in \mathsf{Loc}, \sigma \in \mathsf{Store}$. Dann ist

$$\mathcal{E}[e_1 = e_2]\gamma\varphi\sigma \overset{\mathrm{def}}{=} \begin{cases} \mathrm{W} & \text{falls } \mathcal{E}[e_1]\gamma\varphi\sigma = \mathcal{E}[e_2]\gamma\varphi\sigma \\ \mathrm{F} & \text{sonst} \end{cases}$$

$$\mathcal{E}[e_1 <> e_2]\gamma\varphi\sigma \overset{\mathrm{def}}{=} \begin{cases} \mathrm{W} & \text{falls } \mathcal{E}[e_1]\gamma\varphi\sigma \neq \mathcal{E}[e_2]\gamma\varphi\sigma \\ \mathrm{F} & \text{sonst} \end{cases}$$

$$\mathcal{E}[e_1 < e_2]\gamma\varphi\sigma \overset{\mathrm{def}}{=} \begin{cases} \mathrm{W} & \text{falls } \mathcal{E}[e_1]\gamma\varphi\sigma < \mathcal{E}[e_2]\gamma\varphi\sigma \\ \mathrm{F} & \text{sonst} \end{cases}$$

$$\mathcal{E}[e_1 <= e_2]\gamma\varphi\sigma \overset{\mathrm{def}}{=} \begin{cases} \mathrm{W} & \text{falls } \mathcal{E}[e_1]\gamma\varphi\sigma \leq \mathcal{E}[e_2]\gamma\varphi\sigma \\ \mathrm{F} & \text{sonst} \end{cases}$$

$$\mathcal{E}[e_1 > e_2]\gamma\varphi\sigma \overset{\mathrm{def}}{=} \begin{cases} \mathrm{W} & \text{falls } \mathcal{E}[e_1]\gamma\varphi\sigma > \mathcal{E}[e_2]\gamma\varphi\sigma \\ \mathrm{F} & \text{sonst} \end{cases}$$

$$\mathcal{E}[e_1 >= e_2]\gamma\varphi\sigma \overset{\mathrm{def}}{=} \begin{cases} \mathrm{W} & \text{falls } \mathcal{E}[e_1]\gamma\varphi\sigma \geq \mathcal{E}[e_2]\gamma\varphi\sigma \\ \mathrm{F} & \text{sonst} \end{cases}$$

**Definition 4.27 (Semantik von Anweisungen)** Die Semantik von Anweisungen ist eine Funktion

$$\mathcal{S} : \mathsf{Prog} \times \mathsf{CEnv} \times \mathsf{Loc} \times \mathsf{PEnv} \times \mathsf{Store} \rightsquigarrow \mathsf{Stat} \ .$$

Sei also $\gamma \in \mathsf{CEnv}, \varphi \in \mathsf{Loc}, \pi \in \mathsf{PEnv}$ und $\sigma \in \mathsf{Store}$. Dann ist

$$\mathcal{S}[i := e]\gamma\varphi\pi\sigma \stackrel{\mathrm{def}}{=} \sigma\left[\frac{\varphi(i)}{\mathcal{E}[e]\gamma\varphi\sigma}\right]$$

$$\mathcal{S}[p]\gamma\varphi\pi\sigma \stackrel{\mathrm{def}}{=} \pi(p)\gamma\varphi\pi\sigma$$

$$\mathcal{S}[\mathbf{begin}\ \alpha_1;\ldots;\alpha_m\ \mathbf{end}]\gamma\varphi\pi\sigma \stackrel{\mathrm{def}}{=} \mathcal{S}[\alpha_n]\gamma\varphi\pi\mathcal{S}[\alpha_{n-1}]\gamma\varphi\pi\ldots$$
$$\ldots\mathcal{S}[\alpha_1]\gamma\varphi\pi\sigma$$

$$\mathcal{S}[\mathbf{if}\ c\ \mathbf{then}\ \alpha]\gamma\varphi\pi\sigma \stackrel{\mathrm{def}}{=} \begin{cases} \mathcal{S}[\alpha]\gamma\varphi\pi\sigma & \text{falls } \mathcal{E}[c]\gamma\varphi\sigma = \mathrm{W} \\ \sigma & \text{sonst} \end{cases}$$

$$\mathcal{S}[\mathbf{while}\ c\ \mathbf{do}\ \alpha]\gamma\varphi\pi\sigma \stackrel{\mathrm{def}}{=} \begin{cases} \sigma & \text{falls } \mathcal{E}[c]\gamma\varphi\sigma = \mathrm{F} \\ \mathcal{S}[\mathbf{while}\ c\ \mathbf{do}\ \alpha]\gamma\varphi\pi\mathcal{S}[\alpha]\gamma\varphi\pi\sigma \\ \text{sonst} \end{cases}$$

Die ersten beiden Zeilen in der Definition von $\mathcal{S}$ sind leicht verständlich, die anderen brauchen etwas Erklärung. Laut Definition ist $\mathsf{Stat} = [\mathsf{CEnv} \times \mathsf{Loc} \times \mathsf{PEnv} \times \mathsf{Store} \rightarrow \mathsf{Store}]$. Deshalb kann in der dritten Zeile der Definition von $\mathcal{S}$ $\mathcal{S}[\alpha_1]$ auf den Argumentvektor $\gamma\varphi\pi\sigma$ angewendet werden und liefert, wenn überhaupt, einen neuen Speicherzustand $\sigma' \in \mathsf{Store}$. Dies ist der Speicherzustand, auf den dann $\mathcal{S}[\alpha_2]$ zusammen mit dem unveränderten $\gamma\varphi\pi$ angewendet wird. So schreitet man fort, bis letztlich auf den durch $\mathcal{S}[\alpha_{n-1}]$ abgelieferten Speicherzustand die Semantik der letzten Anweisung $\alpha_n$ angewendet wird. Ähnliches gilt für die **while**-Anweisung: Falls die Schleifenbedingung erfüllt ist, wird zuerst die Semantik des Rumpfs $\alpha$ auf $\gamma\varphi\pi\sigma$ angewendet, d.h. also der Rumpf der Schleife einmal ausgeführt. Dadurch ergibt sich ein neuer Speicherzustand, nämlich $\mathcal{S}[\alpha]\gamma\varphi\pi\sigma$. Auf diesen Speicherzustand wird dann wieder die Semantik der ganzen Schleife angewendet. Wir sehen in dieser Definition sehr klar den Zusammenhang zwischen einer **while**-Schleife und einer rekursiv definierten Funktion, den wir zuvor bereits in einer Fußnote angedeutet hatten.

**Definition 4.28 (Semantik von Blöcken)** Die Semantik von Blöcken ist eine Funktion

$$\mathcal{B} : \mathsf{Prog} \times \mathsf{CEnv} \times \mathsf{Loc} \times \mathsf{PEnv} \times \mathsf{Store} \rightsquigarrow \mathsf{Store} \ .$$

Sei $\gamma \in$ CEnv, $\varphi \in$ Loc, $\pi \in$ PEnv und $\sigma \in$ Store. Außerdem sei $c$ eine Folge von Konstantendeklarationen, $v$ eine Folge von Variablennamen und $p_1 \ldots p_n$ eine Folge von Prozedurdeklarationen. Dann ist

$$\mathcal{B}[\textbf{const } c; \textbf{var } v\colon \text{Integer}; p_1 \ldots p_n; \alpha] \gamma \varphi \pi \sigma$$
$$\stackrel{\text{def}}{=} \ \mathcal{S}[\alpha]\, \mathcal{C}[c]\gamma\, \mathcal{V}[v]\varphi\, \mathcal{P}[p_n] \ldots \mathcal{P}[p_1]\pi\sigma$$

Hier sehen wir, wie das Blockschachtelungsprinzip in der Semantik verwirklicht ist: Die Semantik eines „block"s in einer gewissen Umgebung aus Konstanten, Variablen und Prozeduren ist die Anweisungssemantik des „statement"s in diesem Block, wobei jedoch zuvor die Konstantenumgebung durch die **const**-Deklarationen, die Variablenumgebung durch die **var**-Umgebungen und die Prozedurumgebung durch die **procedure**-Deklarationen erweitert bzw. verändert werden.

Es fehlt jetzt nur noch die Semantik eines ganzen MINI-PASCAL-Programms, wobei wir, wie gesagt, auf eine etwas künstliche Art dafür sorgen, daß dies eine partielle Abbildung von $\mathbb{Z}^n$ nach $\mathbb{Z}$ für ein gewisses $n$ ist:

**Definition 4.29 (Semantik von Programmen)** Sei $P$ ein syntaktisch korrektes MINI-PASCAL-Programm im Sinne der vorangehenden Definition:

$$
\begin{aligned}
P = \quad &\textbf{program } x(\text{Input,Output}); \\
&\textbf{const } c; \\
&\textbf{var } v\colon \text{Integer}; \\
&p_1; \\
&\ldots \\
&p_n; \\
&\textbf{begin} \\
&\quad \text{Readln}(v_1, \ldots, v_n); \\
&\quad \alpha; \\
&\quad \text{Writeln}(e) \\
&\textbf{end.}
\end{aligned}
$$

Sei   $\gamma_0 \in$ CEnv definiert durch $\gamma_0 \stackrel{\text{def}}{=} \mathcal{C}[c]\Omega$,

$\quad\quad \varphi_0 \in$ Loc definiert durch $\varphi_0 \stackrel{\text{def}}{=} \mathcal{V}[v]\Omega$ und

$\quad\quad \pi_0 \in$ PEnv definiert durch $\pi_0 \stackrel{\text{def}}{=} \mathcal{P}[p_n] \ldots \mathcal{P}[p_1]\Omega$.

Dann ist die Semantik von $P$ eine Abbildung

$$\mathcal{PRO}[P] \ : \ \mathbb{Z}^n \rightsquigarrow \mathbb{Z}$$

mit

$$\mathcal{PRO}[P](z_1,\ldots,z_n) \stackrel{\text{def}}{=} \mathcal{E}[e]\gamma_0\varphi_0\mathcal{B}[\alpha]\gamma_0\varphi_0\pi_0\Omega\left[\frac{\varphi_0(v_1)}{z_1},\ldots,\frac{\varphi_0(v_n)}{z_n}\right].$$

In Worten ausgedrückt, bedeutet dies, daß der Wert des Ausdrucks $e$ in einer Konstanten- und Variablenumgebung errechnet wird, die nur die Konstanten und Variablen des Hauptprogramms enthält. Der Speicherzustand für diese Auswertung ergibt sich als Semantik des Blocks $\alpha$ in den durch die Konstanten- Variablen- und Prozedurdeklarationen des Hauptprogramms vorgegebenen Umgebungen und einem anfänglichen Speicherzustand, der an der $v_i$ zugeordneten Adresse den Wert $z_i$ für $i = 1,\ldots,n$ enthält.

## 4.4 Übersetzung von Mini-Pascal in Maschinencode

Im Prinzip könnte man MINI-PASCAL natürlich in URM-Programme übersetzen, da die URM ja universell ist. Darüber hinaus erinnert die URM in der hier vorgestellten Version durchaus bereits an echte Maschinen. Allerdings hätten wir wenig Freude an einer solchen Übersetzung, da sie durch eine Unzahl von technischen Details verkompliziert würde. Wir wählen daher einen Maschinentyp, der unserer Programmiersprache stärker entgegenkommt. Diese Maschine hat Ähnlichkeit zu der in [Wi84] vorgestellten Maschine.

Bereits in Definition 2.18 haben wir eingesehen, wie gut sich das *Stapelprinzip* zur Auswertung von rekursiven Algorithmen eignet. Auch die Auswertung der (rekursiv definierten) Ausdrücke von MINI-PASCAL kann vom Stapelprinzip profitieren. Unsere Maschine wird also einen sogenannten *Datenstapel* zur Auswertung von Ausdrücken („expression"s) haben. Zur Speicherung von lokalen Variablen und Rücksprungadressen von Prozeduren, die beide wegen der möglichen Rekursion in vorher nicht bestimmbarer Zahl neu angelegt werden müssen, führen wir außerdem noch einen *Prozedurstapel* ein, wie er auch bereits bei der Implementierung von ALGOL60 verwendet wurde. Der Prozedurstapel ist in sogenannte *Aktivierungsblöcke* eingeteilt, die jeweils für einen Aufruf („Aktivierung") einer Prozedur die Rücksprungadresse und die lokalen Variablen aufnehmen.

Auch die so entstehende Maschine ist nicht realitätsfern: Der Datenstapel läßt sich nachträglich eliminieren, wenn man eine gewisse Menge von Registern und einen (theoretisch unbegrenzten) Vorrat an Hilfsspeicherplätzen verwendet, und der Prozedurstapel ist von so tragender Bedeutung, daß er von modernen Mikroprozessorarchitekturen bereits hardwaremäßig angeboten wird.

Die beiden Stapel verfolgen durchaus unterschiedliche Prinzipien, so daß hierfür auch unterschiedliche Bezeichnungen üblich sind: Auf dem Datenstapel brauchen wir jeweils nur die beiden obersten (d.h. zuletzt geschriebenen) Elemente lesen zu können, da wir maximal zweistellige Operationen haben. Die übrigen Einträge im Stapel sind nicht zugänglich. Dieses Speicherprinzip nennt man auch den (reinen) *Kellerspeicher* (engl. „pushdown store"). Auf dem Prozedurstapel sieht die Situation anders aus: Wir müssen bei jedem Prozeduraufruf in der Lage sein, auf die Variablen der umgebenden Prozeduren zuzugreifen, die selbst natürlich wiederum in entsprechenden Aktivierungsblöcken enthalten sind. Diese können jedoch auf dem Prozedurstapel beliebig weit vom augenblicklichen Aktivierungsblock entfernt sein, wir müssen daher auch beliebig weit in den Prozedurstapel hineinlesen können. Das Speicherprinzip mit dieser Fähigkeit nennt man dann zur Unterscheidung einen *Stapel(speicher)* (engl. „stack").

Wir definieren jetzt die *Stapelmaschine* SM:

**Definition 4.30** Die Menge $C$ der *SM-Operationen* ist definiert durch

$$C \stackrel{\mathrm{def}}{=} C_0 \cup C_1 \cup C_2 \cup C_3\,,$$

wobei

$$
\begin{aligned}
C_0 &= \{\mathrm{ADD, SUB, MUL, DIV, RET}\} \\
C_1 &= \{\mathrm{CONST, JMP, JE, JNE, JL, JLE, JG, JGE}\} \\
C_2 &= \{\mathrm{LOAD, STORE}\} \\
C_3 &= \{\mathrm{CALL}\}
\end{aligned}
$$

Die Menge $I$ der *SM-Instruktionen* ist definiert durch

$$I \stackrel{\mathrm{def}}{=} \bigcup_{i \in \{0,1,2,3\}} C_i \times \mathbb{Z}^i\,.$$

**Definition 4.31** Die *Stapelmaschine (SM)* ist gegeben durch die Komponenten

1. *Datenstapel D*, definiert durch $D \stackrel{\text{def}}{=} \mathbb{Z}^*$.

2. *Prozedurstapel P*, definiert durch $P \stackrel{\text{def}}{=} A^*$, wobei die Menge $A$ der *Aktivierungsblöcke* definiert ist als

$$A \stackrel{\text{def}}{=} \bigcup_{i=1}^{\infty} \mathbb{Z}^i .$$

3. *Instruktionszeiger Z*, definiert durch $Z \stackrel{\text{def}}{=} \mathbb{N}$.

4. *Programmspeicher S*, definiert durch $S \stackrel{\text{def}}{=} I^{\mathbb{N}}$.

Ein *Zustand* der SM ist ein Tripel $(\delta, \pi, z)$ mit $\delta \in D$, $\pi \in P$ und $z \in Z$. Für einen Prozedurstapel $\pi$ und $n, m \in \mathbb{N}$ bezeichne $\pi(n)$ den $n$-ten Aktivierungsblock in $\pi$ und $\pi(n, m)$ den $m$-ten Eintrag im $n$-ten Aktivierungsblock.

Wir schreiben die Datenstapel als $\delta = z_1.z_2 \ldots z_{n-1}.z_n$, d.h. wir verwenden Punkte, um die einzelnen Stapeleinträge voneinander abzutrennen. Der jeweils jüngste Eintrag steht ganz rechts. Die Prozedurstapel schreiben wir als

$$\pi = (r_1, s_1, l_{11}, \ldots, l_{1n}).(r_2, s_2, l_{21}, \ldots, l_{2n}) \ldots ,$$

wobei die Aktivierungsblöcke durch Klammern zusammengefaßt sind. In diesem Beispiel gilt etwa $\pi(2, 3) = l_{21}$. Zum Aufbau der Aktivierungsblöcke nehmen wir gleich Stellung.

Wir werden die Semantik der SM-Programme nicht so detailliert definieren wie in Kapitel 3, sondern viele Dinge nur verbal vorstellen.

Beim Eintritt in den Code einer Prozedur (bzw. beim Beginn des Hauptprogramms) wird jeweils ein neuer Aktivierungsblock auf dem Prozedurstapel angelegt; er wird wieder entfernt, wenn die Prozedur (bzw. das Hauptprogramm) beendet ist. Die Aktivierungsblöcke haben folgenden Aufbau: Der erste Eintrag ist stets die Rücksprungadresse, d.h. also die Nummer der nächsten Instruktion hinter einem Unterprogrammaufruf „CALL". Durch die Instruktion „RET" wird die Verarbeitung an dieser Stelle fortgesetzt, nachdem der jüngste Aktivierungsblock vom Prozedurstapel entfernt wurde. Der zweite Eintrag ist der sogenannte *statische Verweis („static link")*, d.h. die Nummer desjenigen Aktivierungsblocks im Prozedurstapel, der zu der syntaktisch nächstäußeren Prozedur (bzw. dem Hauptprogramm) gehört. An dieser Stelle lohnt sich eine kurze Überlegung: Aufgrund der Sichtbarkeitsbedingungen können die in eine bestimmte Prozedur $p$ eingeschachtelten inneren Prozeduren von Stellen außerhalb von $p$ nicht aufgerufen werden, da sie nur innerhalb von $p$ sichtbar sind. Aus diesem Grund können wir tatsächlich davon ausgehen, daß sich zu jedem Zeitpunkt außer dem gerade aktuellen Aktivierungsblock auch der Aktivierungsblock der syntaktisch äußeren Prozedur auf dem Prozedurstapel befindet. Wir brauchen den statischen Verweis zum Zugriff auf die sogenannten *globalen Variablen*, das sind die Variablen des Hauptprogramms und auf die sogenannten *lokalen Variablen* der umgebenden Prozeduren. Die lokalen Variablen der aktuellen Prozedur liegen dagegen immer im obersten Aktivierungsblock.

Den Speicherplatz einer Variablen sprechen wir durch ein *Paar* $(l, o)$ natürlicher Zahlen an; dabei bezeichnet $l$ die sogenannte *Niveaudifferenz* zwischen der Blockschachtelungstiefe der Anweisung, in der sie verwendet wird, und der Blockschachtelungstiefe ihrer Definitionsstelle. Anders ausgedrückt, bezeichnet $l$ die Anzahl der äußeren Blöcke, die durchquert werden müssen, bis der Block erreicht wird, in dem die Variable definiert wurde. Für eine lokale Variable ist daher $l = 0$. Die zweite Zahl $o$ ist ein sogenannter *Offset* (Versatz), der die relative Position der Variablen innerhalb ihres Aktivierungsblocks angibt.

Bei der nachfolgenden Semantik der SM-Instruktionen beschreiben wir jeweils informell die stattfindenden Zustandsänderungen, wobei irrelevante Komponenten unterdrückt werden:

**Definition 4.32** Die Semantik einer SM-Instruktion ist eine *Zustandstransformation*, die wir im einzelnen wie folgt definieren:

$$1.\ \text{ADD:} \begin{bmatrix} \delta = d_1 \ldots d_n.x.y \\ z = i \end{bmatrix} \longrightarrow \begin{bmatrix} \delta = d_1 \ldots d_n.x + y \\ z = i + 1 \end{bmatrix}$$

$$2.\ \text{SUB:} \begin{bmatrix} \delta = d_1 \ldots d_n.x.y \\ z = i \end{bmatrix} \longrightarrow \begin{bmatrix} \delta = d_1 \ldots d_n.x - y \\ z = i + 1 \end{bmatrix}$$

$$3.\ \text{MUL:} \begin{bmatrix} \delta = d_1 \ldots d_n.x.y \\ z = i \end{bmatrix} \longrightarrow \begin{bmatrix} \delta = d_1 \ldots d_n.x \cdot y \\ z = i + 1 \end{bmatrix}$$

$$4.\ \text{DIV:} \begin{bmatrix} \delta = d_1 \ldots d_n.x.y \\ z = i \end{bmatrix} \longrightarrow \begin{bmatrix} \delta = d_1 \ldots d_n.\lfloor x/y \rfloor \\ z = i + 1 \end{bmatrix}, \text{falls } y \neq 0.$$

5. RET: $\begin{bmatrix} \pi = \ldots(r,s,\ldots).(r',s',\ldots) \\ z = i \end{bmatrix} \longrightarrow \begin{bmatrix} \pi = \ldots(r,s,\ldots) \\ z = r' \end{bmatrix}$

6. JMP $n$: $\begin{bmatrix} z = i \end{bmatrix} \longrightarrow \begin{bmatrix} z = n \end{bmatrix}$

7. JE $n$: $\begin{bmatrix} \delta = d_1 \ldots d_n.x \\ z = i \end{bmatrix} \longrightarrow \begin{cases} \delta = d_1 \ldots d_n \\ z = n & \text{falls } x = 0 \\ z = i + 1 & \text{sonst} \end{cases}$

Beachte, daß diese Instruktion (wie alle bedingten Sprünge) den getesteten Wert vom Datenstapel entfernt.

8. JNE $n$: $\begin{bmatrix} \delta = d_1 \ldots d_n.x \\ z = i \end{bmatrix} \longrightarrow \begin{cases} \delta = d_1 \ldots d_n \\ z = n & \text{falls } x \neq 0 \\ z = i + 1 & \text{sonst} \end{cases}$

9. JL $n$: $\begin{bmatrix} \delta = d_1 \ldots d_n.x \\ z = i \end{bmatrix} \longrightarrow \begin{cases} \delta = d_1 \ldots d_n \\ z = n & \text{falls } x < 0 \\ z = i + 1 & \text{sonst} \end{cases}$

10. JLE $n$: $\begin{bmatrix} \delta = d_1 \ldots d_n.x \\ z = i \end{bmatrix} \longrightarrow \begin{cases} \delta = d_1 \ldots d_n \\ z = n & \text{falls } x \leq 0 \\ z = i + 1 & \text{sonst} \end{cases}$

11. JG $n$: $\begin{bmatrix} \delta = d_1 \ldots d_n.x \\ z = i \end{bmatrix} \longrightarrow \begin{cases} \delta = d_1 \ldots d_n \\ z = n & \text{falls } x > 0 \\ z = i + 1 & \text{sonst} \end{cases}$

12. JGE $n$: $\begin{bmatrix} \delta = d_1 \ldots d_n.x \\ z = i \end{bmatrix} \longrightarrow \begin{cases} \delta = d_1 \ldots d_n \\ z = n & \text{falls } x \geq 0 \\ z = i + 1 & \text{sonst} \end{cases}$

13. CONST $c$: $\begin{bmatrix} \delta = d_1 \ldots d_n \\ z = i \end{bmatrix} \longrightarrow \begin{bmatrix} \delta = d_1 \ldots d_n.c \\ z = i + 1 \end{bmatrix}$

14. LOAD $l,o$: $\begin{bmatrix} \delta = d_1 \ldots d_n \\ \pi = \pi_1.\pi_2 \ldots \pi_k \\ z = i \end{bmatrix} \longrightarrow \begin{bmatrix} \delta = d_1 \ldots d_n.\pi(\mathbf{base}(l,k),o) \\ \pi = \pi_1.\pi_2 \ldots \pi_k \\ z = i + 1 \end{bmatrix},$

wobei $\mathbf{base} : \mathbb{N} \times \mathbb{N} \to \mathbb{N}$ wie folgt definiert ist:

$$
\begin{aligned}
\mathbf{base}(0, x) &= x \\
\mathbf{base}(n + 1, x) &= \mathbf{base}(n, \pi(x, 2)) \ .
\end{aligned}
$$

Die Hilfsfunktion **base** findet entlang der Kette der statischen Verweise
den richtigen Aktivierungsblock zu einer Variablen.

$$
15. \ \text{STORE} \ l, o: \begin{bmatrix} \delta = d_1 \ldots d_n.x \\ \pi = \pi_1.\pi_2 \ldots \pi_k \\ z = i \end{bmatrix} \longrightarrow \begin{bmatrix} \delta = d_1 \ldots d_n \\ \pi = \pi \left[ \frac{(\mathbf{base}(l,k),o)}{x} \right] \\ z = i + 1 \end{bmatrix}, \ \text{wobei}
$$

**base** wie zuvor.

$$
16. \ \text{CALL} \ l, n, v: \begin{bmatrix} \pi = \pi_1.\pi_2 \ldots \pi_k \\ z = i \end{bmatrix} \longrightarrow
$$

$$
\begin{bmatrix} \pi = \pi_1.\pi_2 \ldots \pi_k.(i + 1, \mathbf{base}(l, k), 0, \overset{v}{\overbrace{\ldots}}, 0) \\ z = n \end{bmatrix},
$$

wobei **base** wie zuvor. Der erste Parameter $l$ von CALL ist wiederum
die Niveaudifferenz zur aufzurufenden Prozedur, die wir benötigen, um
auf dem neu zu schaffenden Aktivierungsblock den richtigen statischen
Verweis einzutragen. Der zweite Parameter $n$ ist die Adresse der aufzurufenden Prozedur, der dritte Parameter $v$ gibt die Anzahl der lokalen
Variablen dieser Prozedur an, die wir auf dem neuen Aktivierungsblock
anlegen müssen und die mit 0 initialisiert werden. Diese Initialisierung
ist natürlich willkürlich, aber wir werden uns an keiner Stelle darauf
verlassen.

Bezüglich der Art und Weise, wie Eingabewerte in die Maschine eingebracht werden, treffen wir eine ähnliche Annahme wie zuvor bei der URM:
Wir gehen davon aus, daß die entsprechenden Speicherplätze mit Eingabe-
werten gefüllt werden, bevor das Programm startet. Konkret nehmen wir
an, daß sich zu Beginn der Programmausführung ein einziger Aktivierungsblock auf dem Prozedurstapel befindet, der Rücksprungadresse 0, statischen
Verweis 0 und Platz für alle Variablen des Hauptprogramms enthält. Dabei seien die Eingabevariablen mit den entsprechenden Werten versehen.
Auch das Hauptprogramm endet deshalb mit einer „RET"-Instruktion. Wir
vereinbaren, daß die Maschine anhält, wenn bei einer RET-Instruktion die
Rücksprungadresse 0 angesprochen wird. Der Ausgabewert ist der einzige
Wert, der sich noch auf dem Datenstapel befindet, nachdem das Programm
angehalten hat.

Nachdem wir nun die Zielmaschine hinreichend beschrieben haben, können wir uns jetzt der Übersetzung von MINI-PASCAL in SM-Code widmen. Das bedeutet, daß wir letztlich eine (formale) *Spezifikation* für ein Übersetzungsprogramm *("Compiler")* angeben.

Compiler verarbeiten die Deklarationsteile von Programmen, indem sie eine sogenannte *Symboltabelle* erzeugen; hierin sind die deklarierten Bezeichner sowie ihre jeweiligen *Attribute* eingetragen, also z.B. die Angabe, ob eine Konstante, Variable oder Prozedur mit diesem Bezeichner verbunden ist, sowie die Blockschachtelungstiefe der Definitionsstelle, die mit dem Bezeichner verbundene Adresse etc. Die Blockstruktur des Programms muß sich natürlich auch in der Symboltabelle widerspiegeln.

Wir beschreiben den Compiler nicht bis ins letzte Detail, da dies den Rahmen der vorliegenden Ausführungen sprengen würde. Hier beschränken wir uns auf die Behandlung der ausführbaren Anweisungen. Die Erzeugung und Verwaltung der Symboltabelle betrachten wir hier nicht, sondern setzen die folgenden Hilfsfunktionen bei der Codeerzeugung voraus:

**Definition 4.33** Die folgenden Funktionen seien für Konstantenbezeichner $c$, Variablenbezeichner $v$ und Prozedurbezeichner $p$ definiert und sollen sich jeweils auf die augenblicklich sichtbare Definition beziehen:

level($v$), level($p$) Blockschachtelungstiefe der Definition

offset($v$) Relative Position von $v$ innerhalb des Aktivierungsblocks

value($c$) Wert von $c$

adr($p$) Anfangsadresse von $p$ im Programmspeicher

size($p$) Anzahl der lokalen Variablen von $p$

Außerdem bezeichne die Konstante level die Blockschachtelungstiefe des augenblicklich übersetzten Programmstücks.

Mit diesen Vorbereitungen läßt sich die Übersetzung recht leicht beschreiben. Wir gehen in mehreren Stufen vor wie bei der Definition der Semantik, indem wir Funktionen EComp, SComp und PComp zur Übersetzung von Ausdrücken, Anweisungen und Programmen definieren. Jede dieser Funktionen liefert als Ergebnis ein SM-Programmstück; wir setzen diese Programmstücke wie in Kapitel 3 mit „$\oplus$" zusammen.

**Definition 4.34 (Übersetzung von Ausdrücken)**

1. $\mathsf{EComp}(\mathrm{ident}) \stackrel{\mathrm{def}}{=} \begin{cases} \mathrm{CONST}\ \mathbf{value}(\mathrm{ident}) & \text{falls } \mathbf{const}-\mathit{ident} \\ \mathrm{LOAD}\ \mathbf{level} - \mathbf{level}(\mathrm{ident}), \mathbf{offset}(\mathrm{ident}) & \text{sonst} \end{cases}$

2. $\mathsf{EComp}(\mathrm{number}) \stackrel{\mathrm{def}}{=} \mathrm{CONST}\ \mathrm{number}$

3. $\mathsf{EComp}(f_1 * f_2) \stackrel{\mathrm{def}}{=} \begin{array}{ll} & \mathsf{EComp}(f_1) \\ \oplus & \mathsf{EComp}(f_2) \\ \oplus & \mathrm{MUL} \end{array}$

4. $\mathsf{EComp}(f_1 \ \mathbf{div}\ f_2) \stackrel{\mathrm{def}}{=} \begin{array}{ll} & \mathsf{EComp}(f_1) \\ \oplus & \mathsf{EComp}(f_2) \\ \oplus & \mathrm{DIV} \end{array}$

5. $\mathsf{EComp}(t_1 + t_2) \stackrel{\mathrm{def}}{=} \begin{array}{ll} & \mathsf{EComp}(t_1) \\ \oplus & \mathsf{EComp}(t_2) \\ \oplus & \mathrm{ADD} \end{array}$

6. $\mathsf{EComp}(t_1 - t_2) \stackrel{\mathrm{def}}{=} \begin{array}{ll} & \mathsf{EComp}(t_1) \\ \oplus & \mathsf{EComp}(t_2) \\ \oplus & \mathrm{SUB} \end{array}$

7. $\mathsf{EComp}(+t) \stackrel{\mathrm{def}}{=} \mathsf{EComp}(t)$

8. $\mathsf{EComp}(-t) \stackrel{\mathrm{def}}{=} \begin{array}{ll} & \mathrm{CONST}\ 0 \\ \oplus & \mathsf{EComp}(t) \\ \oplus & \mathrm{SUB} \end{array}$

**Definition 4.35 (Übersetzung von Anweisungen)**

1. $\mathsf{SComp}(i := e) \stackrel{\mathrm{def}}{=} \begin{array}{ll} & \mathsf{EComp}(e) \\ \oplus & \mathrm{STORE}\ \mathbf{level\text{-}level}(i), \mathbf{offset}(i) \end{array}$

2. $\mathsf{SComp}(p) \stackrel{\mathrm{def}}{=} \mathrm{CALL}\ \mathbf{level\text{-}level}(p), \mathbf{adr}(p),\ \mathbf{size}(p)$

3. $\mathsf{SComp}(\mathbf{begin}\ \alpha_1; \ldots; \alpha_m\ \mathbf{end}) \stackrel{\mathrm{def}}{=} \begin{array}{ll} & \mathsf{SComp}(\alpha_1) \\ \oplus & \ldots \\ \oplus & \mathsf{SComp}(\alpha_m) \end{array}$

4. Bei der Übersetzung von **if**-Anweisungen

$$\textbf{if } (e_1 \circ e_2) \textbf{ then } \alpha$$

für $\circ \in \{=, <>, <, <=, >, >=\}$ erzeugen wir zunächst ein Stück Code $\tau$, welches eine Zahl auf dem Datenstapel hinterläßt, die durch ihr Vorzeichen die Größenverhältnisse zwischen $e_1$ und $e_2$ angibt:

$$
\begin{array}{ll}
 & \textsf{EComp}(e_1) \\
\oplus & \textsf{EComp}(e_2) \\
\oplus & \textsf{SUB}
\end{array}
$$

Es bezeichne nun $x$ die Adresse des ersten Befehls hinter der Übersetzung des **then**-Zweiges $\alpha$. Wir übersetzen dann im einzelnen je nachdem, was „$\circ$" ist :

$$
\begin{array}{lll}
\text{(a)} \;\; = & & \tau \\
 & \oplus & \textsf{JNE } x \\
 & \oplus & \textsf{SComp}(\alpha) \\[4pt]
\text{(b)} \;\; <> & & \tau \\
 & \oplus & \textsf{JE } x \\
 & \oplus & \textsf{SComp}(\alpha) \\[4pt]
\text{(c)} \;\; < & & \tau \\
 & \oplus & \textsf{JGE } x \\
 & \oplus & \textsf{SComp}(\alpha) \\[4pt]
\text{(d)} \;\; <= & & \tau \\
 & \oplus & \textsf{JG } x \\
 & \oplus & \textsf{SComp}(\alpha) \\[4pt]
\text{(e)} \;\; > & & \tau \\
 & \oplus & \textsf{JLE } x \\
 & \oplus & \textsf{SComp}(\alpha) \\[4pt]
\text{(f)} \;\; >= & & \tau \\
 & \oplus & \textsf{JL } x \\
 & \oplus & \textsf{SComp}(\alpha)
\end{array}
$$

5. Die Übersetzung einer **while**-Anweisung geschieht nach genau demselben Schema wie bei der **if**-Anweisung; hier bezeichne allerdings $x$ die Adresse des zweiten Befehls hinter der Übersetzung des **do**-Zweiges $\alpha$. An diesen wird nämlich grundsätzlich ein Befehl „JMP $y$" angehängt, wobei $y$ die Adresse des ersten Befehls im Codestück $\tau$ ist.

Die Behandlung der hier auftretenden Vorwärtssprünge mit zunächst unbekanntem Ziel wird in echten Compilern häufig durch sogenanntes „Backpatching" durchgeführt, d.h. es wird nachträglich ein Sprungziel eingetragen, sobald dieses durch den Fortgang des Übersetzungsverfahrens bekannt ist.

Für die Übersetzung von Blöcken brauchen wir keine eigene Funktion, da wir in diesem Rahmen die Behandlung der Symboltabelle unterdrückt haben, was die hauptsächliche Leistung dieses Teils des Compilers wäre. Darüber hinaus erzeugen PASCAL-Compiler bei der Übersetzung von Blöcken auch zwei Standard-Codestücke, die man *Prolog* und *Epilog* nennt und die für die Anlage bzw. Freigabe von lokalen Variablen sorgen. Diese Aufgaben haben in unserer Maschine die CALL- und RET-Instruktionen übernommen.

**Definition 4.36 (Übersetzung von Programmen)** Sei $P$ ein syntaktisch korrektes MINI-PASCAL-Programm mit einem Hauptprogrammblock $\alpha$ und einer Anweisung Writeln($e$) hinter $\alpha$. Definiere dann

$$
\mathsf{PComp}(P) \overset{\text{def}}{=} \begin{array}{ll} & \mathsf{SComp}(\alpha) \\ \oplus & \mathsf{EComp}(e) \\ \oplus & \mathrm{RET} \end{array}
$$

Damit ist die Übersetzung von MINI-PASCAL vollständig beschrieben. Unter der Voraussetzung einer richtigen Führung der Symboltabelle könnten wir jetzt auch beweisen, daß diese Übersetzung korrekt bezüglich der hier angegebenen Semantik von MINI-PASCAL ist.

Ein Punkt, den wir hier nicht angesprochen haben, ist die Tatsache, daß die Übersetzung des Hauptprogrammrumpfs durch die eingeschachtelten Prozeduren nicht notwendigerweise mit der ersten Instruktion des erzeugten SM-Programms beginnt. Es muß also auf irgendeine Weise vermerkt werden, welche Instruktion des erzeugten Programms bei der Ausführung als erste anzuspringen ist. Dies ist auch bei Programmen für echte Maschinen nicht anders. In Fällen, wo eine solche Spezifikation des Startpunkts eines Programms nicht möglich ist, hilft man sich damit, daß vor dem erzeugten Programm ein Sprungbefehl eingefügt wird, der den Code für die eingeschachtelten Prozeduren überspringt.

## 4.5   Aufgaben

**Aufgabe 4.1** Sei $\Sigma = \{a, b, c\}$. Geben Sie eine BNF-Definition an, welche die Sprache der *Palindrome* über $\Sigma$ beschreibt. Das leere Wort soll nicht zu dieser Sprache gehören. (Palindrome sind Wörter, die von vorne und von hinten gelesen gleich sind.)

**Aufgabe 4.2** Beschreiben Sie einen Algorithmus, der eine BNF-Definition in eine andere überführt, welche die gleiche Sprache definiert, aber keine unerreichbaren Nonterminalsymbole hat. Sie dürfen Standard-Konstruktionen der Mengenlehre dabei verwenden.

**Aufgabe 4.3** Beschreiben Sie einen Algorithmus, welcher entscheidet, ob eine BNF-Definition die leere Sprache definiert.

**Aufgabe 4.4** Übersetzen Sie den folgenden Ausschnitt aus einer EBNF-Definition in Syntaxdiagramme:

```
CaseStatement       =  "CASE" expression "OF" case {"|" case}
                       ["ELSE" StatementSequence] "END" .
case                =  [CaseLabelList ":" StatementSequence] .
CaseLabelList       =  CaseLabels {"," CaseLabels} .
CaseLabels          =  ConstExpression [".." ConstExpression] .
StatementSequence   =  statement {";" statement} .
```

**Aufgabe 4.5** Gegeben sei das folgende MINI-PASCAL-Programm:

```
program Test(Input,Output);
var  A,B,C: Integer;

   procedure p;
   var A,B: Integer;

      procedure q;
      var C: Integer;
      begin
        C := A; A := B; B := C
      end;

   begin
     A := 11; B := 12;
     q;
```

```
           C := A
         end;

      begin
        A := 1; B := 2; C := 3;
        p;
        Writeln(C)
      end.
```

Markieren Sie die Sichtbarkeitsbereiche der einzelnen Variablen. Geben Sie
tabellarisch die Folge der Inhalte dieser Variablen an.


**Aufgabe 4.6** Gegeben sei das folgende MINI-PASCAL-Programm:

```
PROGRAM Aufgabe1 (Input,Output);

CONST a = 2;

VAR i,j: Integer;

PROCEDURE p;    (* j ist Ein/Ausgabeparameter von p *)
   VAR i: Integer;

   BEGIN
   i := j;
   WHILE i > 0 DO BEGIN
      j := j + a;
      i := i -1
   END;
END (* von p *);


BEGIN
   ReadLn(i,j);
   WHILE i >= 0 DO BEGIN
      p;
      i := i-1
   END;
   WriteLn(j)
```

**END.**

Übersetzen Sie dieses Programm entsprechend den angegebenen Vorschriften in ein Programm für die Stapelmaschine. Geben Sie eine Berechnungsfolge der Stapelmaschine für dieses Programm und die Eingabe $i = 1$, $j = 3$ an.

# Kapitel 5

# Von Mini-Pascal zu Pascal

Es kann nicht Aufgabe dieses Buchs sein, die Sprache PASCAL vollständig darzustellen oder gar im Sinne eines Programmierkurses zu erarbeiten. Andererseits ist die Sprache MINI-PASCAL, deren Umfang so gewählt wurde, daß sich Semantikbeschreibung und Übersetzung in Maschinencode mit erträglichem Aufwand darstellen lassen, etwas zu mager, um etwa Implementierungen der abstrakten Datentypen zu erlauben, mit denen wir uns im nächsten Kapitel beschäftigen wollen. Wir stellen deshalb in diesem Kapitel einige Konzepte aus PASCAL kurz vor, die wir zu diesem Zweck benötigen. Dabei verfolgen wir zusätzlich die Strategie, von jedem neuen syntaktischen und semantischen Konstrukt nur so viel zu präsentieren, wie wir wirklich benötigen. Das bedeutet, daß wir in doppelter Hinsicht eine PASCAL-Teilmenge bilden; wenn wir also im folgenden spezielle Syntax-Konstruktionen vorstellen, so impliziert unsere Darstellung keinesfalls, daß diese nicht auch in einer allgemeineren Form als der hier präsentierten verwendet werden können.

Dem an PASCAL ernsthaft interessierten Leser empfehlen wir die Lektüre der im Literaturverzeichnis angegebenen PASCAL-Bücher.

**5.1 (Primitive Datentypen)** Zusätzlich zum Datentyp `Integer` der ganzen Zahlen kennt PASCAL die folgenden *primitiven Datentypen*:

1. `Boolean`: Der semantische Bereich ist die Menge der Wahrheitswerte, die in PASCAL `True` und `False` heißen.

2. `Char`: Der semantische Bereich ist die Menge der darstellbaren Zeichen des Computers und somit implementierungsabhängig. Konstanten vom Typ `Char` können u.a. in der Form `"a"` geschrieben werden.

3. `Real`: Im Gegensatz zu dieser Bezeichnung ist der semantische Bereich ein gewisser implementierungsabhängiger Ausschnitt der rationalen Zahlen. Diese werden in Dezimalschreibweise mit Punkt statt Komma und einem optionalen Zehner-Exponenten geschrieben, z.B. `3.1415 E-4` ($\approx \pi \cdot 10^{-4}$).

**Boolean**, **Char**, **Integer** und **Real** sind in PASCAL *keine Schlüsselwörter*, sondern sogenannte *vordefinierte Bezeichner*; sie können vom Benutzer umdefiniert werden, wovon jedoch abzuraten ist. Die ersten drei dieser Typen heißen *Ordinaltypen*; dies sind total geordnete Typen von einer diskreten Natur, dergestalt daß wir vom *Nachfolger* und *Vorgänger* eines Elements sprechen können. Diese Begriffe sind für **Real** nicht definiert.

PASCAL bietet die Möglichkeit, benutzereigene Datentypen zu definieren. Hierzu ist das Schlüsselwort **type** vorgesehen. In der orthodoxen Ordnung eines PASCAL-Programms kommen die **type**-Deklarationen zwischen den **const**- und den **var**-Deklarationen. Als erste Möglichkeit betrachten wir die sog. *Unterbereichstypen*.

**5.2 (Unterbereichstypen)** Sind $c_1$ und $c_2$ Konstanten aus einem Ordinaltyp $T$ und gilt $c_1 \leq c_2$, so kann ein *Unterbereich* $U$ von $T$ durch

$$\textbf{type } U = c_1..c_2;$$

deklariert werden. Der entsprechende semantische Bereich ist die Menge der Werte $u \in T$ mit $c_1 \leq u \leq c_2$.

Unterbereichstypen haben ihre hauptsächliche Anwendung als *Indextypen* für Vektoren oder Matrizen, die wir hier unter dem Begriff *Felder* subsumieren. Auch die endlichen Folgen aus Spezifikation 2.11 werden in PASCAL gerne als Felder dargestellt:

**5.3 (Felder)** Ist $I$ ein Ordinaltyp, dessen Kardinalität eine implementierungsabhängige Obergrenze nicht überschreitet, und $T$ ein beliebiger Typ, so kann ein Datentyp von *Feldern* über $T$ deklariert werden durch

$$\textbf{type } A = \textbf{array } [I] \textbf{ of } T;$$

$T$ heißt in diesem Zusammenhang *Grundtyp* von $A$. Ist $\mathcal{I}$ der semantische Bereich von $I$ und $\mathcal{T}$ der semantische Bereich von $T$, so ist der semantische Bereich von $A$ die Menge aller Funktionen

$$f : \mathcal{I} \to \mathcal{T} \,.$$

Für eine Variable $x$ vom Typ $A$ und ein Element $i \in \mathcal{I}$ schreiben wir in
PASCAL jedoch $x[i]$ statt $x(i)$. Sind $I_1,\ldots,I_n$ Ordinaltypen, so gilt

$$\textbf{type } A = \textbf{array } [I_1,\ldots,I_n] \textbf{ of } T$$

als Abkürzung von

$$\textbf{type } A = \textbf{array } [I_1] \textbf{ of array } \ldots \textbf{ of array } [I_n] \textbf{ of } T \;.$$

Unabhängig von der Art der Definition kann in PASCAL jederzeit etwa
$x[i,j,k]$ statt $x[i][j][k]$ geschrieben werden.  Auch die Schreibweisen
$x[i,j][k]$ und $x[i][j,k]$ würden dasselbe Element des Grundtyps bezeichnen.

**Beispiel 5.4** Typische Beispiele für Felddefinitionen sind etwa:

```
type
   Matrix = array [1..3,1..3] of Real;
      (* 3 x  3-Matrizen *)
   Histogram = array ["a".."z"] of Integer;
      (* Zum Zählen, wie oft jeder der Kleinbuchstaben vorkommt *)
   Codetable = array [Char] of Char;
      (* Zum Übersetzen eines Zeichensatzes in einen anderen *)
```

Manchmal kann man im Zusammenhang mit abstrakten Datentypen
auch sog. *Aufzählungstypen* gut verwenden, bei denen die möglichen Werte
explizit aufgezählt werden:

**5.5 (Aufzählungstypen)** Ist $i_1,\ldots,i_n$ eine Folge von noch freien Bezeichnern, so kann ein *Aufzählungstyp* $T$ durch

$$\textbf{type } T = (i_1,\ldots,i_n);$$

deklariert werden. Der semantische Bereich ist eine Menge der Kardinalität
$n$, deren Elemente durch $i_1,\ldots,i_n$ bezeichnet werden.

An dieser Stelle sei bereits bemerkt, daß sich Elemente von Aufzählungstypen weder ein- noch ausgeben lassen; sie sind nur programmintern ver-
wendbar.

Felder sind Ansammlungen von Variablen *gleichen Typs* unter einem gemeinsamen Namen. Häufig möchte man jedoch Elemente verschiedener Typen unter ein gemeinsames Dach bringen. Dies leistet der sogenannte *Verbund*:

**5.6 (Verbunde)** Sind $T_1, \ldots, T_n$ Typen und $s_1, \ldots, s_n$ Bezeichner, so kann ein *Verbund* $T$ über $T_1, \ldots, T_n$ als Datentyp durch

$$
\textbf{type } T = \quad \textbf{record}
$$
$$
s_1 \; : \; T_1;
$$
$$
\vdots
$$
$$
s_n \; : \; T_n;
$$
$$
\textbf{end}
$$

deklariert werden. Der semantische Bereich von $T$ ist $T_1 \times \ldots \times T_n$. Die $s_1, \ldots, s_n$ heißen in diesem Zusammenhang *Selektoren*. Für eine Variable $v$ vom Typ $T$ bezeichnet man die $i$-te Komponente von $v$ durch $v.s_i$, d.h. durch den Namen des entsprechenden Selektors, der mit einem Punkt als Trennsymbol an den Namen der Variablen angehangen wird. $v.s_i$ heißt ein *qualifizierter Ausdruck*.

**Beispiel 5.7** Typische Beispiele für Verbunde sind etwa:

```
type
   Person = record
               Name: array [1..20] of Char;
               Geburtsdatum: record
                                Tag: 1..31;
                                Monat: 1..12;
                                Jahr: 1900..2000
                             end;
               verheiratet: Boolean
            end;

   Artikel = record
                Nummer: Integer;
                Bestand: Integer;
                Preis: Real;
                Lager: record
```

```
                    Gang: "A".."H";
                    Regal: 1..7;
                    Ebene: 1..4
              end
      end
```

Für eine Variable p vom Typ **Person** können dann die einzelnen Komponenten durch p.**Name**, p.**Geburtsdatum**.**Tag** etc. angesprochen werden.

Felder und Verbunde sind sogenannte *statische Datenstrukturen*; ihre Größe wird zur Übersetzungszeit festgelegt und kann sich während der Ausführung des Programms nicht ändern. Zur Spezifikation *dynamischer Datenstrukturen*, deren Umfang während des Programmlaufs vergrößert oder verkleinert werden kann, dienen in PASCAL die *Zeiger* (engl. pointer); hier wird sogar eine Abweichung von der Regel erlaubt, daß jedes Objekt deklariert sein muß, bevor man es verwenden kann. Zeiger stehen für die *Adresse* einer Variablen im Datenspeicher und sind deshalb ein sehr maschinennahes Konzept.

**5.8 (Zeiger)** Ein *Zeigertyp* wird durch

$$\textbf{type } T = \uparrow T_1;$$

deklariert, wobei $T_1$ ein Typ ist, dessen Deklaration später noch nachgeholt werden kann. Der semantische Bereich ist die Menge der Adressen von Speicherplätzen vom Typ $T_1$. Ein spezieller Wert dieses Typs ist **nil** (leere bzw. undefinierte Adresse). Eine Variable eines Zeigertyps $T$ nennt man auch einen *Zeiger* oder eine *Referenz* vom Typ $T$. Für einen Zeiger $v$ vom Typ $T$ bezeichnet $v \uparrow$ entweder **nil** oder eine Variable vom Typ $T_1$. Man spricht in diesem Zusammenhang von der *Dereferenzierung* des Zeigers. Durch die Anweisung **new**$(v)$ wird freier Speicher vom Typ $T_1$ angefordert und (im Erfolgsfall) dessen Adresse $v$ zugewiesen. Der vorherige Inhalt von $v \uparrow$ bleibt erhalten, ist aber über $v$ nicht mehr zugänglich. Durch **dispose**$(v)$ wird der $v$ zugeordnete Speicher wieder freigegeben; $v$ ist anschließend **nil**.

Zeiger setzen eine *Speicherverwaltung* voraus, über die hier nicht diskutiert werden soll. In Computerprogrammen wird das Zeichen „$\uparrow$" meist durch „^" dargestellt.

Als Beispiel für die Verwendung von Verbunden und Zeigern soll die Programmierung einer unbeschränkten Liste vorgeführt werden.

**Beispiel 5.9** Bei der hier vorgestellten unbeschränkten linearen Liste ganzer Zahlen handelt es sich im Grunde um eine rekursive Definition: Eine Liste ist entweder leer oder sie besteht aus einem ersten Element, gefolgt von einer Liste. Die in PASCAL nicht erlaubte Rekursion in der Datentyp-Definition wird über einen Zeiger aufgelöst.

```
type Liste = ↑Eintrag;  (* An dieser Stelle ist Eintrag noch nicht
       definiert *)
     Eintrag = record
                   Elem: Integer;
                   Rest: Liste
               end;
```

```
(* Das Vorschreiben eines Elements  x  vor eine Liste  v  kann dann
   mit einer Hilfsvariablen  v1  vom Typ  Liste  wie folgt beschrieben
   werden: *)
```

```
v1 := v;  (* Rette den Zeiger auf die alte Liste *)
new(v);  (* Besorge Speicherplatz für einen neuen Eintrag *)
v↑.Elem := x;
v↑.Rest := v1;  (* Hänge die alte Liste hinten an *)
```

```
(* Das Anhängen eines Elements  y  an  v  braucht zwei
   Hilfsvariablen  v1  und  c:  (v ≠ nil sei vorausgesetzt) *)
```

```
c := v;  (* Beginne am Anfang der Liste *)
while c↑.Rest <> nil do
   c := c↑.Rest;  (* Suche Ende von v *)
new(v1);  (* Neuer Eintrag *)
v1↑.Elem := y;
v1↑.Rest := nil;  (* Ende der Liste! *)
c↑.Rest := v1;  (* Hänge Eintrag an die alte Liste hinten an *)
```

Als Warnung sei an dieser Stelle vermerkt, daß Zeiger nur mit allergrößter Vorsicht zu verwenden sind. Sie sind wahrscheinlich das gefährlichste Konzept in PASCAL. Besondere Gefahr besteht im Zusammenhang mit nicht initialisierten Zeigern und mit sog. „hängenden Zeigern"; das sind Zeiger, die noch in einen Speicherbereich zeigen, der inzwischen freigegeben wurde und keine verläßlichen Daten mehr enthält oder gar bereits neu vergeben wurde. Wenn wir etwa (als Beispiel für einen nicht initialisierten Zeiger) im Beispiel 5.9 beim Anhängen eines Elements die Komponente **Rest** nicht mit **nil** initialisieren, steht dort ein zufälliger Wert, der irgendwo in den Speicher zeigt. Wenn wir dann etwa mit

$$\texttt{v1} \uparrow \texttt{.Rest} \uparrow \texttt{.Elem} := 0$$

eine Wertzuweisung durchführen, kann man nicht ahnen, wo diese sich auswirken wird. Derartige Fehler sind extrem schwer zu finden.

Ein anderes Phänomen im Zusammenhang mit Zeigern ist die Tatsache, daß wir plötzlich auf unerwartete Weise unter verschiedenen Bezeichnungen auf ein und denselben Speicherplatz zugreifen können. Dies wird im nächsten Beispiel veranschaulicht:

**Beispiel 5.10** Gegeben seien die folgenden Ausschnitte aus einem PASCAL-Programm:

```
var p,q: ↑Integer;
...
begin
    new(p); (* p zeigt jetzt auf einen frischen Platz vom Typ Integer *)
    p↑ := 3; (* Dieser Platz wird jetzt gefüllt *)
    ...
    q := p;  (* q zeigt jetzt auf denselben Platz wie p ! *)
    q↑ := 5;
    (* Obwohl p und p↑ nicht mehr auf der linken Seite einer Zuweisung
        standen, hat sich der Wert von p↑ geändert! *)
    Write(p↑); (* Hier wird sich 5 statt 3 ergeben *)
    ...
end
```

So viel zum Thema Datentypen. Auch bei den ausführbaren Anweisungen bietet PASCAL einigen Komfort, der über MINI-PASCAL hinausgeht. Hiervon soll jedoch nur das notwendigste vorgeführt werden.

**5.11 (if-then-else)** Zusätzlich zu der einfachen **if**-Anweisung von MINI-PASCAL kennt PASCAL die **if**-Anweisung mit **else** ähnlich zu unserem Pseudocode:

$$\textbf{if } B \textbf{ then } A_1 \textbf{ else } A_2 \,.$$

Da PASCAL im Gegensatz zu unserem Pseudocode kein **endif** und **elsif** kennt, müssen eventuelle Folgen von Anweisungen durch **begin** und **end** geklammert werden. Außerdem entsteht dadurch das sog. „Problem des hängenden **else**" („dangling else"): In dem Konstrukt

$$\textbf{if } B_1 \textbf{ then if } B_2 \textbf{ then } A_1 \textbf{ else } A_2$$

ist nicht klar, ob das **else** zu dem ersten oder zweiten **if** gehört. Diese Mehrdeutigkeit wird wie folgt aufgelöst:

**Regel vom hängenden else:** Ein **else** gehört immer zu dem letzten **if**, welches im Programmtext vor ihm steht.

Im Zusammenhang mit Feldern hat man häufig Verwendung für die sogenannte *Zählschleife*. Deren Effekt kann jedoch genau so gut durch eine **while**-Schleife erzielt werden:

**5.12 (for)** Die Zählschleife gibt es in zwei verschiedenen Ausprägungen:

$$\textbf{for } i := e_1 \textbf{ to } e_2 \textbf{ do } A$$

$$\textbf{for } i := e_1 \textbf{ downto } e_2 \textbf{ do } A \ .$$

Im ersten Fall ist die Anweisung gleichbedeutend mit

```
i  :=  e₁;
while i  <=  e₂ do begin
   A;
   i  :=  i + 1
end ,
```

im zweiten Fall mit

```
i  :=  e₁;
while i  >=  e₂ do begin
   A;
   i  :=  i - 1
end
```

**5.13 (repeat)** In PASCAL gibt es die **repeat**-Anweisung in der Form, wie sie in Aufgabe 2.11 eingeführt wurde.

In MINI-PASCAL hatten wir nur parameterlose Prozeduren; die Parameter-Übergabe mußte explizit vom Programmierer über dazu bestimmte globale Variable geschehen. In PASCAL gibt es demgegenüber Prozeduren mit Parametern von zwei Arten; bei der einen Möglichkeit wird der *Wert* eines Ausdrucks übergeben, bei der zweiten die *Adresse* einer Variablen. Von Adressen sprachen wir bereits im Zusammenhang mit Zeigern.

**5.14 (Prozeduren)** Zusätzlich zu den Prozedurdeklarationen von MINI-PASCAL sind in PASCAL Deklarationen der Form

$$\textbf{procedure } P(\pi_1; \ldots; \pi_n);$$

möglich, wobei jedes $\pi_i$ entweder die Form $i : T$ für einen Bezeichner $i$ und einen Typ $T$ oder die Form **var** $i : T$ hat. Die Bezeichner in $\pi_1, \ldots, \pi_n$ heißen *formale Parameter*. Im ersten zuvor erwähnten Fall sprechen wir von einem *Wertparameter*;  im zweiten Fall von einem *Referenzparameter*.

Eine deklarierte Prozedur kann in dem entsprechenden Rumpf durch die Anweisung

$$p(t_1, \ldots, t_n)$$

aufgerufen werden, wobei $t_i$ ein beliebiger Ausdruck des entsprechenden Typs sein kann, wenn $\pi_i$ ein Wertparameter ist. Ist $\pi_i$ jedoch ein Referenzparameter, so muß $t_i$ eine einfache Variable sein. Die $t_1, \ldots, t_n$ heißen *aktuelle Parameter*. Bei Wertparametern wird an die Prozedur der (zuvor ermittelte) Wert des Ausdrucks übergeben, bei Referenzparametern die Adresse der Variablen. Das Schlüsselwort **var** soll darauf hindeuten, daß der Wert von Referenzparametern innerhalb der aufgerufenen Prozedur verändert werden kann.

In der Sicht der Implementierung verhalten sich Wertparameter einer Prozedur genau wie lokale Variablen, die bei Eintritt in die Prozedur mit den entsprechenden Werten initialisiert werden. Die anderen lokalen Variablen haben beim Eintritt in die Prozedur keinen definierten Wert.

Um die mathematische Notation weitgehend nachzubilden, bietet PASCAL auch die Möglichkeit, *Funktionen* als spezielle Form von Prozeduren zu definieren. Funktionen haben keine oder endlich viele Argumente und liefern ein einziges Resultat. Bezüglich des Typs des Resultats sind allerdings Einschränkungen auferlegt; so ist es etwa nicht möglich, Felder oder Verbunde als Resultat von Funktionen zu erhalten.

**5.15 (Funktionen)** Für einen Typ $T$, der entweder primitiv oder ein Aufzählungs-, Unterbereichs- oder Zeigertyp ist, wird eine *Funktion* mit Werten vom Typ $T$ durch

$$\mathbf{function}\ f : T;$$

oder

$$\mathbf{function}\ f : (\pi_1; \ldots, \pi_n) : T$$

deklariert. Bezüglich der eventuellen Parameter gelten die gleichen Vereinbarungen wie bei Prozeduren. Innerhalb des Rumpfs von $f$ wird die Festlegung des Rückgabewerts durch eine *„Pseudozuweisung"* auf den Namen der Funktion getroffen:

$$f := t \, ,$$

wobei $t$ ein Ausdruck ist. Die Festlegung des Rückgabewerts kann mehrmals in der Funktion erfolgen; es ist jedoch ein Fehler, wenn der Rumpf der Funktion verlassen wird, ohne daß ein Rückgabewert spezifiziert wurde. Eine deklarierte Funktion wird durch den Ausdruck $f(t_1, \ldots, t_n)$ aufgerufen, der anstelle eines „factor" überall auftreten kann. Auch innerhalb des Rumpfs von $f$ ist ein solcher (rekursiver) Aufruf von $f$ möglich.

**5.16 (Ein/Ausgabe)** PASCAL verfügt über verschiedene Möglichkeiten der Ein/Ausgabe. Wir sprechen hier nur über die wesentlichsten Konzepte im Zusammenhang mit den *Textdateien* Input und Output, die für die Eingabe von der Tastatur und die Ausgabe auf Bildschirm oder Drucker verwendet werden. Solche Textdateien sind normalerweise in *Zeilen* unterteilt (auf eine nicht näher zu beschreibende, rechnerabhängige Weise). Es stehen die folgenden Funktionen zur Verfügung:

**EoF(Input)** liefert True, wenn in Input kein Zeichen mehr verfügbar ist (Ende der Datei). Bei der Tastatur kann diese Bedingung dadurch simuliert werden, daß ein bestimmtes *Steuerzeichen* eingegeben wird, das im Vorrat der druckbaren Buchstaben nicht enthalten ist[1].

**EoLn(Input)** liefert True, wenn in Input das letzte Zeichen einer Zeile gelesen wurde.

**Read(v$_1$,$\ldots$,v$_n$)** liest $n$ Werte von Variablen ein, wobei die Anzahl dieser Parameter variabel ist. Einlesen lassen sich Werte vom Typ Char,

---

[1]Unter dem Betriebssystem UNIX ist dies „Control-D"; unter MS-DOS „Control-Z"

Integer und Real sowie Werte aus Unterbereichstypen. Beim Einlesen eines Werts vom Typ Char verwandelt sich ein eventuell angetroffenes Zeilenende in ein Leerzeichen; beim Einlesen der anderen Typen werden eventuell führende Leerzeichen und Zeilenenden überlesen.

ReadLn ignoriert den Rest der gegenwärtigen Zeile bis zum Zeilenende (inklusive). Alternativ kann man auch ReadLn($v_1,\ldots,v_n$) schreiben; dies gilt als Abkürzung des entsprechenden Read-Befehls, gefolgt von einem ReadLn.

Write($e_1,\ldots,e_n$) schreibt die Werte der $n$ Ausdrücke aus, wobei wiederum die Anzahl $n$ variabel ist. Die Ausdrücke können selbstverständlich auch Konstanten sein, insbesondere Zeichenketten. Dadurch kann man etwa schreiben

```
Write(i, " mal ", j, " ist ", i*j, ".")
```

WriteLn bewirkt ein Zeilenende in der Ausgabe. WriteLn(...) kann wiederum als Abkürzung von Write(...); WriteLn verwendet werden.


## 5.1  Aufgaben

**Aufgabe 5.1** Entwickeln Sie einen Algorithmus, der das folgende leistet, und programmieren Sie ihn in PASCAL:

Es sind fortlaufend ganze Zahlen einzulesen, die größer als Null seien. Eine Eingabe von 0 beendet den Algorithmus. Nach jeder Eingabe ist das Minimum und das Maximum der bisher gelesenen Zahlen auszugeben.

**Aufgabe 5.2** Entwerfen Sie einen Algorithmus, der als Eingabe eine natürliche Zahl $n$ akzeptiert und als Ausgabe eine Liste aller der Zahlen $j$ mit $1 \leq j \leq n$ erzeugt, die weder durch 7 teilbar sind, noch in ihrer Dezimaldarstellung die Ziffer 7 enthalten. Erstellen Sie ein entsprechendes PASCAL-Programm nach Ihrem Entwurf.

**Aufgabe 5.3** Gegeben sei folgende Spezifikation einer Funktion zur Ermittlung von Summe und Differenz zweier Zeiten $t_1 = (h_1, m_1, s_1)$ und $t_2 = (h_2, m_2, s_2)$:

**Eingabe:**
Sechs natürliche Zahlen $h_i$, $m_i$, $s_i$ für $i \in \{1,2\}$ (jeweils Stunden, Minuten, Sekunden).

**Vorbedingung:**
$$h_i \geq 0 \quad \wedge \quad 0 \leq m_i < 60 \quad \wedge \quad 0 \leq s_i < 60 \quad \text{für } i \in \{1,2\}.$$

**Ausgabe:**
Sechs ganze Zahlen $h_S, m_S, s_S$ und $h_D, m_D, s_D$.

**Nachbedingung:**

- $h_S \geq 0 \quad \wedge \quad 0 \leq m_S < 60 \quad \wedge \quad 0 \leq s_S < 60$ und $(h_S, m_S, s_S)$ stellt die Summe von $t_1$ und $t_2$ dar.

- $|m_D| < 60 \quad \wedge \quad |s_D| < 60$, $h_D, m_D, s_D$ sind entweder aller $\geq 0$ oder alle $\leq 0$ und stellen die Differenz $t_1 - t_2$ dar.

Geben Sie einen entsprechenden Algorithmus an und erstellen Sie danach ein PASCAL-Programm.

**Aufgabe 5.4** Entwickeln Sie ein PASCAL-Programm, das folgendes leistet:

Es sind fortlaufend Meßwerte $a_i$ einzulesen. Meßwert 0 beendet das Programm. Nach jeder Eingabe sind auszugeben:

1. die Anzahl $n$ der bisher eingelesenen Meßwerte,

2. den Mittelwert
$$b = \frac{\sum_{i=1}^{n} a_i}{n},$$

3. die Standardabweichung
$$s = \sqrt{\frac{n \sum_{i=1}^{n} a_i^2 - (\sum_{i=1}^{n} a_i)^2}{n(n-1)}},$$

4. das Maximum von $\{a_1, \ldots, a_n\}$ und

5. das Minimum von $\{a_1, \ldots, a_n\}$.

Benutzen Sie für die Meßwerte Variablen vom Typ Real und verwenden Sie die vordefinierte Funktion Sqrt(x), die für eine Real-Eingabe x die Quadratwurzel liefert. Ihr Programm soll nicht mehr als 10 Variablen verwenden.

**Aufgabe 5.5** Schreiben Sie ein PASCAL-Programm **Suche**, das für ein **array [1..20] of** Integer und einen Suchwert $s$ *alle* Indexpositionen ausgibt, an denen $s$ vorkommt. Bemühen Sie sich, den Dialog zur Eingabe der Folge und des Suchwerts möglichst selbsterklärend zu gestalten. Falls $s$ nicht vorkommt, soll die Meldung „Nicht gefunden" ausgegeben werden.

**Aufgabe 5.6** Schreiben Sie ein PASCAL-Programm mit einer **function f(x:Integer):Integer**, so daß bei der Anweisung **if f(x) = f(x) then ...else ...** der **then**-Zweig niemals betreten werden kann. Was halten Sie davon, daß das möglich ist?

**Aufgabe 5.7** Gegeben sei der folgende Datentyp:

```
TYPE Liste = ↑Listenelement;
     Listenelement = RECORD
                       item: ARRAY [1..1000] OF Char;
                       next: Liste
                     END;
```

Schreiben Sie eine rekursive Funktion
```
        FUNCTION Reverse(L: Liste):  Liste; ,
```
welche die Reihenfolge der Listenelemente umkehrt, *ohne* **NEW** zu verwenden und ohne eins der „**items**" zu kopieren. (Es ist möglich, mit nur einer lokalen Variablen auszukommen!)

**Aufgabe 5.8** Programmieren Sie den Algorithmus aus Aufgabe 4.2 in PASCAL. Nehmen Sie der Einfachheit an, daß

$$\Sigma = \{a,\ldots,z\}$$

und

$$V = \{\langle A\rangle,\ldots,\langle Z\rangle\}$$

ist.

**Aufgabe 5.9** Gegeben sei die Prozedurdeklaration:
    **procedure f(x:Integer; var y:Integer);**
Warum ist der Aufruf **f(i,3 + j)** sinnlos?

# Kapitel 6

# Abstrakte Datentypen

## 6.1 Einführung

In unseren bisherigen Betrachtungen traten neben den Algorithmen auch (sozusagen gleichberechtigt) *Datenstrukturen* bzw. *Datentypen* auf. In der Tat kann man sagen, daß sich die Lösung eines Problems auf Datenstrukturen und Algorithmen verteilt.

Im Zusammenhang mit Programmiersprachen reserviert man das Wort „Datenstruktur" häufig für komplexere Gebilde, die jedenfalls stärker strukturiert sind als die Elemente der „primitiven Datentypen". Wir machen diesen Unterschied hier nicht, sondern sprechen generell von Datentypen. Die abstrakten Datentypen sind in der Regel tatsächlich Datenstrukturen in dem zuvor angeführten Sinne.

Beim Schritt „Vom Problem zum Algorithmus" haben wir Datentypen bereits von einer abstrakten Warte her betrachtet, indem wir einfach das Vorhandensein einer gewissen Menge von Operationen vorausgesetzt haben, ohne uns um die Darstellung des Datentyps und die algorithmische Auflösung dieser Operationen zu kümmern. So haben wir etwa bei dem Suchalgorithmus (Spezifikation 2.11) einfach *Folgen* als mathematische Objekte verwendet, ohne Klarheit darüber zu schaffen, welche Operationen auf Folgen zugelassen sind. Wir haben beim Algorithmenentwurf allerdings festgestellt, daß es wesentlich sein kann, ob wir eine Folge *sequentiell* verarbeiten müssen oder ob wir auf jedes Folgenelement *direkt* zugreifen können. Wenn wir nun Folgen mit streng sequentiellem Zugriff etwas genauer beschreiben wollen, so können wir etwa sagen:

**Definition 6.1** Sei $A$ ein beliebiger Datentyp. Dann ist der Datentyp der *Folgen über A* gegeben durch

1. die Trägermenge Folge($A$)

2. die Operationen

$$\begin{aligned}
&\text{head} : \text{Folge}(A) \to A && \text{(erstes Element)}\\
&\text{tail} : \text{Folge}(A) \to \text{Folge}(A) && \text{(Rest ohne erstes Element)}\\
&\text{empty} : () \to \text{Folge}(A) && \text{(leere Folge)}\\
&\text{cons} : A \times \text{Folge}(A) \to \text{Folge}(A) && \text{(Vorschreiben eines Elements)}\\
&\text{is_empty} : \text{Folge}(A) \to \{W, F\} && \text{(Test auf leere Folge)}
\end{aligned}$$

Dabei haben wir über die Darstellung der Menge „Folge($A$)" durch andere Datentypen und über die Implementierung der zugehörigen Operationen keine Festlegungen getroffen. Diese Vorgehensweise ist typisch für die Verwendung von *abstrakten Datentypen*. Die Trägermenge und die genaue Darstellung der Operationen ist für das Verhalten der Folge nämlich gar nicht maßgeblich, wenn wir uns — was man im Zusammenhang mit Datentypen stets tun sollte — auf die zulässigen Operationen *und deren spezifizierte Eigenschaften* beschränken. Diese Einschränkung hat nämlich den Vorteil, daß man während der Algorithmen- bzw. Programmentwicklung die interne Darstellung des Datentyps sowie die Implementierung der zulässigen Operationen nach Belieben (z.B. aus Effizienzgründen) ändern kann, ohne daß dies einen Einfluß auf die Verwendungsstellen hat. Im Software Engineering nennt man dieses wichtige Konzept *Datenkapselung* oder *Datenabstraktion*. Die Elemente der abstrakten Datentypen sind dann *verborgen*; man kann sie nicht einmal aufschreiben. Wir werden später noch beschreiben, wie man die gewünschten Eigenschaften der Operationen abstrakter Datentypen beschreiben kann.

Der Schlüssel zur präzisen Definition von abstrakten Datentypen *ohne* Angabe der Trägermenge liegt in der Idee, die Trägermenge selbst mit Hilfe von sogenannten *erzeugenden Operationen* zu definieren. Im Beispiel der Folgen macht man sich schnell klar, daß alle Folgen dieser Art sich durch empty und cons herstellen lassen. Wir nennen solche Definitionen *induktiv*. Induktive Definitionen bieten die Möglichkeit, unendliche Mengen konstruktiv zu beschreiben, indem eine endliche (möglicherweise leere) Menge zugrundegelegt wird und Möglichkeiten angegeben werden, wie man aus gegebenen Elementen der Menge neue Elemente erzeugt. Funktionen auf einer induktiv definierten Menge kann man dann (rekursiv) definieren, indem man die Funktionswerte auf der vorgegebenen endlichen Menge vorschreibt und mit jeder Erzeugungsart für Elemente eine Rechenvorschrift verbindet, welche den Funktionswert eines zusammengesetzten Elements aus den Funktionswerten der „Bestandteile" berechnet. Wir haben dieses Prinzip bereits mehrmals hier angewendet, zuletzt im Zusammenhang mit MINI-PASCAL und seiner Semantik. Hier wollen wir noch ein vertrautes Beispiel betrachten; es ist sozusagen der einfachste „abstrakte Datentyp":

## 6.2  Natürliche Zahlen

Natürliche Zahlen werden in allerlei unterschiedlichen *Darstellungen* verwendet, z.B.

*Dezimaldarstellung:* 1 2 3 4 5 6 7 8 9 10 11 ... 105 ...

*Römische Zahlen:* I II III IV V VI VII VIII IX X XI ... CV ...

*Strichdarstellung:* | || ||| |||| ||||| |||||| ||||||| ...

Die Eigenschaften der Zahlen sind offensichtlich von ihrer Darstellung unabhängig, auch wenn die meisten Rechenverfahren auf der speziellen Zahldarstellung aufbauen [1].

Um das Wesentliche an induktiven Definitionen zu betonen, geben wir zuerst eine *nicht-induktive* Definition der natürlichen Zahlen, wie sie in der Mathematik durchaus üblich ist:

**Definition 6.2** Die Menge der natürlichen Zahlen ist eine total geordnete Menge $(\mathbb{N}; \leq)$ mit den Eigenschaften:

1. $(\mathbb{N}; \leq)$ hat kein größtes Element.

2. $(\mathbb{N}; \leq)$ ist wohlgeordnet. Das kleinste Element von $\mathbb{N}$ wird mit 0 bezeichnet.

3. Jedes Element von $\mathbb{N}$ außer der 0 hat genau einen *Vorgänger*, d.h.

$$(\forall n \in \mathbb{N} \setminus \{0\}) \, (\exists n_1 \in \mathbb{N}) \, n_1 \leq n \, \wedge$$
$$(\forall n_2 \in \mathbb{N})(n_2 \leq n \wedge n_2 \neq n \Rightarrow n_2 \leq n_1)$$

Durch diese Axiome (von E. SCHMIDT) wird die Menge $\mathbb{N}$ in keiner Weise konstruiert; im Gegenteil, es müßte zuerst bewiesen werden, daß es

---

[1]So läßt sich z.B. das in der Schule erlernte Verfahren zur Multiplikation von Dezimalzahlen auf Zahlen in römischer Schreibweise nicht anwenden.

überhaupt eine von $\emptyset$ verschiedene Menge $(\mathbb{N}; \leq)$ mit den angegebenen Eigenschaften gibt. In der Informatik sind wir fast nur an *konstruktiven Definitionen* interessiert, die sich auch auf dem Rechner realisieren lassen. Vergleiche also damit jetzt die folgende Definition, die von PEANO (1889) stammt (siehe auch die Diskussion in [Ba89]):

**Definition 6.3 (Peano-Axiome)** Die Menge $\mathbb{N}$ der natürlichen Zahlen ist gegeben durch folgende Eigenschaften:

1. Es gibt eine natürliche Zahl $0 \in \mathbb{N}$.

2. Zu jeder Zahl $n \in \mathbb{N}$ gibt es eine Zahl $n' \in \mathbb{N}$, die man *Nachfolger von n* nennt.

3. Für alle $n \in \mathbb{N}$ ist $n' \neq 0$.

4. Aus $n' = m'$ folgt $n = m$.

5. Eine Menge $M$ von natürlichen Zahlen, welche die 0 enthält und mit jeder Zahl $m \in M$ auch deren Nachfolger $m'$, ist mit $\mathbb{N}$ identisch.

Natürlich läßt sich zeigen, daß die so spezifizierte Menge $\mathbb{N}$ die Axiome von SCHMIDT erfüllt. Überzeugen wir uns nun, daß sich $\mathbb{N}$ aus den Peano-Axiomen schrittweise konstruieren läßt! Aus 1. und 2. folgt, daß es natürliche Zahlen

$$0, 0', 0'', 0''', 0'''', \ldots$$

gibt. Lassen wir hierbei die 0 am Anfang weg, so entsteht die zuvor erwähnte Strichdarstellung für Zahlen. Die Axiome 3 und 4 besagen, daß das von der Dezimaldarstellung gewöhnte Phänomen, daß es verschiedene Darstellungen für eine bestimmte Zahl gibt (z.B. 7, 07, 007 etc.), bei der Strichdarstellung nicht auftritt: jedes Anfügen eines Striches „'" erzeugt eine völlig neue Zahl. Normalerweise verwenden wir statt „$n'$" die Bezeichnung „$n + 1$".

Axiom 5 ist das sogenannte *Induktionsaxiom*; es besagt, daß es keine anderen Elemente in $\mathbb{N}$ gibt außer denen, die sich aufgrund der Axiome 1. und 2. erzeugen lassen. Wir sprechen deshalb in diesem Zusammenhang auch vom *Erzeugungsprinzip*.

Bei jeder induktiven Definition finden wir eine solches Induktionsaxiom; häufig verbirgt es sich jedoch unter unscheinbaren Formulierungen wie (wieder am Beispiel der natürlichen Zahlen):

- Die Menge IN der natürlichen Zahlen ist die *kleinste* Menge mit den Eigenschaften 1.–4. aus 6.3.

- Die Menge IN der natürlichen Zahlen ist bestimmt durch

  1.–4. wie in 6.3

  5. Durch 1.–4. werden alle natürlichen Zahlen erzeugt.

Aus dem Induktionsaxiom von 6.3 folgt ein wichtiges Beweisprinzip, das Prinzip der *vollständigen Induktion*:

**Lemma 6.4 (Vollständige Induktion)** Zum Beweis der Tatsache, daß ein bestimmtes Prädikat $P$ für alle natürlichen Zahlen gilt, genügt es, die folgenden Beweise zu führen:

1. $P(0)$, d.h. das Prädikat gilt für die Null („Induktionsverankerung")

2. $P(n) \Rightarrow P(n+1)$, d.h. aus der Annahme, daß $P$ für irgendein $n \in$ IN gilt („Induktionsannahme"), können wir ableiten, daß $P(n+1)$ gilt („Induktionsschluß").

Durch die Peano-Axiome werden natürliche Zahlen als abstrakter Datentyp mit nur zwei Operationen (Konstante 0 und einstellige Nachfolgerfunktion) definiert. Diese Operationen genügen, um alle natürlichen Zahlen zu „konstruieren"; wir nennen sie daher *Konstruktoren*. Um die natürlichen Zahlen zu einem wirklich brauchbaren abstrakten Datentyp zu machen, müssen natürlich weitere Operationen angeboten werden, mindestens etwa die üblichen arithmetischen Operationen. Zur Angabe dieser *definierten Operationen* haben wir etwa die im folgenden aufgeführte Möglichkeit: Auf induktiv definierten Mengen lassen sich, wie bereits zuvor erwähnt, auf besonders einleuchtende Weise Abbildungen durch *Rekursion* definieren. Wir haben uns früher im Zusammenhang mit der Rekursion klargemacht, daß es auch unzulässige rekursive Definitionen gibt, durch die wegen eines Zirkelschlusses gar nichts definiert wird. Der nachfolgende Satz über die primitive Rekursion zeigt, daß es eine „natürliche" Klasse rekursiv definierter Funktionen gibt, die garantiert wohldefinierte Resultate liefern. Der Satz läßt sich aus den Peano-Axiomen beweisen; wir verzichten allerdings an dieser Stelle darauf.

**Satz 6.5 (Primitive Rekursion)** *Seien* $f : \mathbb{N}^n \to \mathbb{N}$ *und* $g : \mathbb{N}^{n+2} \to \mathbb{N}$ *für ein* $n \in \mathbb{N}$ *gegebene Abbildungen. Dann gibt es genau eine Abbildung*

$$h : \mathbb{N}^{n+1} \to \mathbb{N} \ ,$$

*so daß für alle* $x_1, \ldots, x_n, y \in \mathbb{N}$ *gilt:*

$$h(x_1, \ldots, x_n, 0) = f(x_1, \ldots, x_n) \tag{6.1}$$
$$h(x_1, \ldots, x_n, y + 1) = g(x_1, \ldots, x_n, y, h(x_1, \ldots, x_n, y)) \tag{6.2}$$

**Definition 6.6** Unter den Bedingungen von Satz 6.5 heißt $h$ durch primitive Rekursion aus $f$ und $g$ definiert. Die beiden Gleichungen in 6.5 heißen *Schema der primitiven Rekursion*.

**Beispiel 6.7** Wir definieren die Addition durch primitive Rekursion:

$$\text{add}(x, 0) = x$$
$$\text{add}(x, y + 1) = \text{add}(x, y) + 1$$

In der Terminologie von 6.5 ist hier $n = 1$, $f : \mathbb{N} \to \mathbb{N}$ mit $f(x) = x$ und $g : \mathbb{N}^3 \to \mathbb{N}$ mit $g(x, y, z) = z + 1$. Beachte, daß hier „$z + 1$" keine Addition darstellt, sondern nur eine andere Schreibweise für die Nachfolgerfunktion „$z'$" ist. Die primitiv-rekursive Definition führt, wie man sich leicht überlegt, zu einem effektiven Rechenverfahren. Die Addition „$2 + 3$" z.B. läßt sich demnach folgendermaßen berechnen:

$$
\begin{aligned}
\text{add}(2, 3) &= \text{add}(2, 2 + 1) \\
&= \text{add}(2, 2) + 1 \\
&= \text{add}(2, 1 + 1) + 1 \\
&= (\text{add}(2, 1) + 1) + 1 \\
&= (\text{add}(2, 0 + 1) + 1) + 1 \\
&= ((\text{add}(2, 0) + 1) + 1) + 1 \\
&= ((2 + 1) + 1) + 1) \\
&= 5 \ .
\end{aligned}
$$

Dies entspricht der Additionsmethode kleiner Kinder durch Abzählen an den Fingern. Betrachten wir noch drei Beispiele primitiv-rekursiver Definitionen:

**Beispiel 6.8**

$$\begin{aligned}
\text{mult}(x,0) &= 0 \\
\text{mult}(x,y+1) &= \text{add}(x,\text{mult}(x,y))
\end{aligned}$$

$$\begin{aligned}
\exp(x,0) &= 1 \\
\exp(x,y+1) &= \text{mult}(x,\exp(x,y))
\end{aligned}$$

$$\begin{aligned}
\text{pred}(0) &= 0 \\
\text{pred}(y+1) &= y
\end{aligned}$$

Wie man am Beispiel der Multiplikation $\text{mult}(x,y) = x \cdot y$ und der Exponentialfunktion $\exp(x,y) = x^y$ sieht, kann man immer kompliziertere Funktionen durch sukzessive primitive Rekursionen gewinnen. Die *Vorgängerfunktion* zeigt, daß das Schema der primitiven Rekursion aus 6.5 auch dazu benutzt werden kann, um ohne Rekursion durch reine Fallunterscheidung neue Funktionen zu definieren.

**Definition 6.9** Für ein $n \in \mathbb{N}$ definieren wir:

$$\text{Ops}^{(n)}(\mathbb{N}) \stackrel{\text{def}}{=} \{f \mid f : \mathbb{N}^n \to \mathbb{N}\}$$

und weiter

$$\text{Ops}(\mathbb{N}) \stackrel{\text{def}}{=} \bigcup_{n \in \mathbb{N}} \text{Ops}^{(n)}(\mathbb{N}) .$$

$\text{Ops}(\mathbb{N})$ heißt die Klasse der *arithmetischen Funktionen*.

Besonderes Augenmerk verdienen in dieser Definition die *nullstelligen* Funktionen $f \in \text{Ops}^{(0)}(\mathbb{N})$. Da $\mathbb{N}^0$ nach Definition A.1 nur aus genau einem Element „()" besteht, kann auch der Graph von $f$ nur ein einziges Paar $((), n)$ enthalten. Eine nullstellige Funktion $f \in \text{Ops}^{(0)}(\mathbb{N})$ ist daher gleichbedeutend mit einer *Konstanten* $n \in \mathbb{N}$. Dieser Trick, Konstanten und Funktionen zu einem einheitlichen Konzept zu verbinden, wird ziemlich häufig angewendet.

Die folgende Definition der *primitiv-rekursiven Funktionen* zeigt, wie man auch Funktionenklassen induktiv definieren kann.

**Definition 6.10** Die Klasse der *primitiv-rekursiven (arithmetischen) Funktionen* ist die kleinste Klasse $\mathrm{Prim}(\mathbb{N})$ von Funktionen $f \in \mathrm{Ops}(\mathbb{N})$ mit den Eigenschaften:

1. Die nullstellige Funktion $0^{(0)} : \{()\} \to \mathbb{N}$ mit $0^{(0)}() = 0$ liegt in $\mathrm{Prim}(\mathbb{N})$.

2. Die einstellige Funktion $' : \mathbb{N} \to \mathbb{N}$ mit $'(n) = n' = n + 1$ liegt in $\mathrm{Prim}(\mathbb{N})$.

3. Die $n$-stelligen Funktionen $\pi_i^{(n)} : \mathbb{N}^n \to \mathbb{N}$, $i \in \{1, \ldots, n\}$ ($n$-stellige Projektionen auf die $i$-te Komponente) mit $\pi_i^{(n)}(x_1, \ldots, x_n) = x_i$ sind in $\mathrm{Prim}(\mathbb{N})$.

4. Definiere $\mathrm{Prim}^{(n)}(\mathbb{N}) \stackrel{\mathrm{def}}{=} \mathrm{Prim}(\mathbb{N}) \cap \mathrm{Ops}^{(n)}(\mathbb{N})$. Ist $f \in \mathrm{Prim}^{(n)}(\mathbb{N})$, $g_1, \ldots, g_n \in \mathrm{Prim}^{(m)}(\mathbb{N})$, so ist
$$f \circ [g_1; \ldots; g_n] : \mathbb{N}^m \to \mathbb{N} \ ,$$
definiert durch
$$f \circ [g_1; \ldots; g_n](a_1, \ldots, a_m) \stackrel{\mathrm{def}}{=} f(g_1(a_1, \ldots, a_m), \ldots, g_m(a_1, \ldots, a_m))$$
in $\mathrm{Prim}(\mathbb{N})$.

5. Sind $f, g \in \mathrm{Prim}(\mathbb{N})$ und ist $h$ nach 6.5 durch primitive Rekursion aus $f$ und $g$ definiert, so ist $h \in \mathrm{Prim}(\mathbb{N})$.

Primitiv-rekursive Definitionen sind ein so natürliches Ausdrucksmittel, daß man lange Zeit glaubte, alle berechenbaren totalen Funktionen wären primitiv-rekursiv. Erst 1928 stellte ACKERMANN eine Funktion vor, die offensichtlich berechenbar, aber nicht primitiv-rekursiv ist. Wir wollen die Eigenschaften der primitiv-rekursiven Funktionen an dieser Stelle nicht weiter studieren.

## 6.3  Wortmengen

Im Gegensatz zu der Frühzeit der Computer haben wir es heute wesentlich weniger mit Rechnungen auf Zahlen zu tun; viel häufiger werden *Texte*, also Zeichenreihen verarbeitet. Auch Programme sind Texte, wie wir im Kapitel 4 gesehen haben. Die dort eingeführten *Wortmengen* können auch durch eine induktive Definition beschrieben werden:

**Definition 6.11** Sei $\Sigma = \{a_1, \ldots, a_k\}$ ein Alphabet. Die Menge $\Sigma^*$ der *Wörter über* $\Sigma$ ist die kleinste Menge mit den folgenden Eigenschaften:

1. Es gibt ein *leeres Wort* $\varepsilon \in \Sigma^*$.

2. Wenn $w \in \Sigma^*$ und $a \in \Sigma$, so ist $wa \in \Sigma^*$.

Wörter über $\Sigma = \{a, b, c\}$ sind also etwa

$$\varepsilon, \varepsilon a, \varepsilon b, \varepsilon c, \varepsilon aa, \varepsilon ab, \varepsilon ac, \ldots, \varepsilon abc, \ldots .$$

Wörter entstehen also dadurch, daß man an ein bestehendes Wort hinten noch einen Buchstaben anhängt. Normalerweise lassen wir das $\varepsilon$ am Anfang von nicht-leeren Wörtern weg und schreiben einfach (s.o.)

$$\varepsilon, a, b, c, aa, ab, ac, \ldots, abc, \ldots$$

Das Analogon zur vollständigen Induktion nennt man bei den Wortmengen *Wortinduktion*.

Auch auf Wörtern lassen sich Funktionen primitiv-rekursiv definieren; die sogenannten *primitiv-rekursiven Wortfunktionen* wurden von G. ASSER eingehend studiert.

**Satz 6.12** *Sei* $\Sigma = \{a_1, \ldots, a_k\}$ *ein Alphabet und seien* $f : (\Sigma^*)^n \to \Sigma^*$ *und* $g_1, \ldots, g_k : (\Sigma^*)^{n+2} \to \Sigma^*$ *gegebene Abbildungen. Dann gibt es genau eine Abbildung*

$$h : (\Sigma^*)^{n+1} \to \Sigma^* \, ,$$

*so daß für alle* $x_1, \ldots, x_n, w \in \Sigma^*$, $i \in \{1, \ldots, k\}$ *gilt:*

$$h(x_1, \ldots, x_n, \varepsilon) = f(x_1, \ldots, x_n) \tag{6.3}$$

$$h(x_1, \ldots, x_n, wa_i) = g_i(x_1, \ldots, x_n, w, h(x_1, \ldots, x_n, w)) \tag{6.4}$$

Beachte, daß die „Gleichung" 6.4 in Wirklichkeit für $k$ Gleichungen steht. Während wir bei der primitiven arithmetischen Rekursion nur zwei Fälle „0" und „$n+1$" unterscheiden, unterscheiden wir bei der primitiven Wortrekursion $k + 1$ Fälle: leeres Wort und alle $k$ möglichen Endbuchstaben. Im übrigen beachte man die große Ähnlichkeit zu Definition 6.5.

Wie in 6.10 kann man nun die Klasse der primitiv-rekursiven Wortfunktionen definieren; dabei dienen die nullstellige $\varepsilon$-Funktion und die einstelligen „Nachschreibefunktionen" als Ausgangsfunktionen.

Wir betrachten an einem Beispiel, wie man Eigenschaften primitiv-rekursiver Wortfunktionen durch Wortinduktion beweisen kann:

**Beispiel 6.13** Definiere

$$\mathrm{cat}(v,\varepsilon) \;=\; v \tag{6.5}$$

$$\mathrm{cat}(v,wa) \;=\; \mathrm{cat}(v,w)a \tag{6.6}$$

**Behauptung:** Für alle $u,v,w \in \Sigma^*$ gilt

$$\mathrm{cat}(\mathrm{cat}(u,v),w) \;=\; \mathrm{cat}(u,\mathrm{cat}(v,w))\,, \tag{6.7}$$

d.h. cat ist assoziativ.

**Beweis:**   Wortinduktion über $w$.

1. $w = \varepsilon$: Hier gilt

$$\mathrm{cat}(\mathrm{cat}(u,v),\varepsilon) \;=\; \mathrm{cat}(u,v)$$
$$\mathrm{cat}(u,\mathrm{cat}(v,\varepsilon)) \;=\; \mathrm{cat}(u,v)$$

   nach Gleichung 6.5.

2. Gelte die Behauptung bereits für $w$ und sei $w_1 = wa_i$ für ein bestimmtes $i$. Dann gilt

   linke Seite:

$$\mathrm{cat}(\mathrm{cat}(u,v),wa_i) \;=\;$$
$$=\; \mathrm{cat}(\mathrm{cat}(u,v),w)a_i \text{ nach Gl. 6.6}$$
$$=\; \mathrm{cat}(u,\mathrm{cat}(v,w))a_i \text{ nach Ind.Vor.}$$

   rechte Seite:

$$\mathrm{cat}(u,\mathrm{cat}(v,wa_i)) \;=\;$$
$$=\; \mathrm{cat}(u,\mathrm{cat}(v,w)a_i) \text{ nach Gl. 6.6}$$
$$=\; \mathrm{cat}(u,\mathrm{cat}(v,w))a_i \text{ nach Gl. 6.6}$$

Bisher sind wir bei den primitiv-rekursiven Funktionen stets innerhalb eines einheitlichen Bereichs geblieben, also innerhalb der natürlichen Zahlen bzw. der Wörter. Das ist jedoch keine zwingende Voraussetzung; so kann z.B. Satz 6.12 auch so formuliert werden:

**Satz 6.14** *Sei* $\Sigma = \{a_1, \ldots, a_k\}$ *ein Alphabet, A eine Menge,* $f : (\Sigma^*)^n \to A$ *und* $g_1, \ldots, g_k : (\Sigma^*)^{n+1} \times A \to A$ *gegebene Abbildungen. Dann gibt es genau eine Abbildung*

$$h : (\Sigma^*)^{n+1} \to A \, ,$$

*so daß für alle* $x_1, \ldots, x_n, w \in \Sigma^*$, $i \in \{1, \ldots, k\}$ *gilt:*

$$h(x_1, \ldots, x_n, \varepsilon) = f(x_1, \ldots, x_n) \tag{6.8}$$
$$h(x_1, \ldots, x_n, wa_i) = g_i(x_1, \ldots, x_n, w, h(x_1, \ldots, x_n, w)) \tag{6.9}$$

Als Anwendung dieses Satzes definieren wir die Länge von Wörtern:

**Beispiel 6.15**

$$
\begin{aligned}
\mathbf{len} : \Sigma^* &\to \mathbb{N} \\
\mathbf{len}(\varepsilon) &= 0 \\
\mathbf{len}(wa_i) &= \mathbf{len}(w) + 1
\end{aligned}
$$

Als weiteres Beispiel, bei dem auch die Fälle der einzelnen Buchstaben wirklich unterschieden werden, definieren wir den Wert von Dezimalzahlen; diese können als Wörter über dem Alphabet $\Sigma = \{1, 2, 3, 4, 5, 6, 7, 8, 9, 0\}$ verstanden werden:

**Beispiel 6.16**

$$\mathbf{val} : \{1, 2, 3, 4, 5, 6, 7, 8, 9, 0\}^* \to \mathbb{N}$$

$$
\begin{aligned}
\mathbf{val}(\varepsilon) &= 0 \\
\mathbf{val}(w0) &= 10 \cdot \mathbf{val}(w) \\
\mathbf{val}(w1) &= 10 \cdot \mathbf{val}(w) + 1 \\
\mathbf{val}(w2) &= 10 \cdot \mathbf{val}(w) + 2
\end{aligned}
$$

$$\begin{aligned}
\mathbf{val}(w3) &= 10 \cdot \mathbf{val}(w) + 3 \\
\mathbf{val}(w4) &= 10 \cdot \mathbf{val}(w) + 4 \\
\mathbf{val}(w5) &= 10 \cdot \mathbf{val}(w) + 5 \\
\mathbf{val}(w6) &= 10 \cdot \mathbf{val}(w) + 6 \\
\mathbf{val}(w7) &= 10 \cdot \mathbf{val}(w) + 7 \\
\mathbf{val}(w8) &= 10 \cdot \mathbf{val}(w) + 8 \\
\mathbf{val}(w9) &= 10 \cdot \mathbf{val}(w) + 9
\end{aligned}$$

In der Abbildung **val** haben wir wiederum eine, wenn auch ziemlich triviale *Semantikfunktion* kennengelernt. Dezimalzahlen sind in diesem Beispiel rein syntaktische Objekte, d.h. Zeichenreihen über einem bestimmten Alphabet, die nach bestimmten Regeln umgeformt werden. Die Regeln des kleinen Einmaleins oder die bereits erwähnten, in der Grundschule erlernte Algorithmen zur Addition, Multiplikation etc. von Dezimalzahlen lassen sich rein syntaktisch beschreiben; der Begriff des *Werts* einer Dezimalzahl ist hierzu nicht erforderlich. Trotzdem verbinden wir mit Dezimalzahlen stets einen *abstrakten Zahlbegriff*, d.h. wir ordnen solchen Dezimalzahlen eine *Bedeutung (Semantik)* zu. Die Abbildung **val** ordnet jeder Zeichenfolge über dem Alphabet $\{1, 2, 3, 4, 5, 6, 7, 8, 9, 0\}$ eine abstrakte Zahl aus dem semantischen Bereich $\mathbb{N}$ zu.

## 6.4   Terme

Wörter sind Zeichenreihen ohne innere Struktur, sieht man einmal von der Zerlegung eines Wortes in Buchstaben ab. Vielfach ist man jedoch an Zeichenreihen mit innerer Struktur interessiert, z.B.

$$(3x + 1) \cdot (5 \cdot (y + z))^2$$

oder

$$(a \wedge (b \vee c)) \Rightarrow (a \vee b) \ .$$

Solche Zeichenreihen bezeichnen wir üblicherweise als *Terme*; wir zerlegen Terme in *Teilterme* und benutzen ggf. Klammern, um Teilterme auszuzeichnen. Die Notwendigkeit von Klammern in den oben aufgeführten Termen ergibt sich dadurch, daß wir die *Operationssymbole* zwischen ihre Argumente schreiben. Der polnische Logiker LUKASIEWICZ zeigte (1925), daß auch eine eindeutige klammerlose Schreibweise möglich ist; die sog. *polnische Notation* liegt der Definition 6.19 zugrunde.

**Definition 6.17** Ein *Operationsalphabet* ist ein Alphabet $\Sigma = \{F_1, \ldots, F_n\}$ zusammen mit einer Abbildung

$$\sigma : \Sigma \to \mathbb{N} .$$

$\sigma(F)$ heißt die *Stelligkeit*[2] von $F$ . Für $n \in \mathbb{N}$ definieren wir

$$\Sigma^{(n)} \stackrel{\text{def}}{=} \{F \in \Sigma \mid \sigma(F) = n\} .$$

$\Sigma^{(n)}$ heißt Menge der $n$-stelligen Operationssymbole. Statt $F \in \Sigma^{(n)}$ schreiben wir gelegentlich auch $F^{(n)} \in \Sigma$.

**Beispiel 6.18** Das Operatoralphabet für die ganzen Zahlen mit Nachfolger, Vorgänger und den 4 Grundrechenarten läßt sich beschreiben als $(\Omega; \sigma)$ mit

$$\begin{aligned}
\Omega^{(0)} &= \{0\} \\
\Omega^{(1)} &= \{\text{succ}, \text{pred}\} \\
\Omega^{(2)} &= \{+, -, *, \text{div}, \text{mod}\}
\end{aligned}$$

und das für aussagenlogische Ausdrücke als

$$\begin{aligned}
\Gamma^{(0)} &= \{\text{W}, \text{F}\} \\
\Gamma^{(1)} &= \{\neg\} \\
\Gamma^{(2)} &= \{\wedge, \vee, \Rightarrow, \Leftrightarrow\}
\end{aligned}$$

**Definition 6.19** Sei $X$ eine Menge; die Elemente von X heißen *Variablen*. Sei ferner $(\Sigma; \sigma)$ ein Operationsalphabet. Die Menge $T_\Sigma(X)$ der $\Sigma$-*Terme über* $X$ ist die kleinste Teilmenge von $(\Sigma \cup X)^*$ mit den Eigenschaften:

1. $X \subseteq T_\Sigma(X)$

2. Falls $t_1, \ldots, t_n \in T_\Sigma(X)$ und $F \in \Sigma^{(n)}$, so ist $Ft_1 \ldots t_n \in T_\Sigma(X)$

---

[2]auch *Rang* von $F$. Es ist auch der Begriff *Rangalphabet* statt Operationsalphabet gebräuchlich.

Beachte, daß aus Bedingung 2 für $n = 0$ insbesondere folgt, daß $\Sigma^{(0)} \subseteq T_\Sigma(X)$.

Eine wichtige Eigenschaft der Termmenge $T_\Sigma(X)$ ist, daß es zu jedem Term eine *eindeutige Zerlegung* gibt, d.h. für jeden Term sind sowohl das Operationssymbol an der Termspitze als auch die Folge der Teilterme eindeutig bestimmt. Dies wird in dem folgenden Satz formalisiert:

**Satz 6.20 (Eindeutige Termzerlegung)** *Jeder Term $t \in T_\Sigma(X)$ ist entweder*

atomar,              *d.h. $t = x \in X$ oder $t \in \Sigma^{(0)}$ oder*

zusammengesetzt,   *d.h. $t = F t_1 \ldots t_n$ mit $n \geq 1$.*

*Bei zusammengesetzten Termen sind $F, n$ und $t_1, \ldots, t_n$ eindeutig bestimmt.*

**Beweis:** Offensichtlich gilt $t$ atomar $\Leftrightarrow$ **len**$(t) = 1$. (Zu **len** siehe 6.15.) Es bleibt die Eindeutigkeit zu zeigen. Wir zeigen eine etwas stärkere Behauptung:

Sind $t_1, \ldots, t_n, t'_1, \ldots, t'_n \in T_\Sigma(X)$, so gilt

$$t_1 \ldots t_n = t'_1 \ldots t'_n \;\Rightarrow\; (\forall\, 1 \leq i \leq n)\; t_i = t'_i\,.$$

Dies beweisen wir durch Induktion über $p \overset{\text{def}}{=}$ **len**$(t_1 \ldots t_n)$.

1. $p = 1$. Es folgt $n = 1$ und $t_1$ atomar, somit auch $t_1 = t'_1$.

2. Gelte die Behauptung bereits für alle $m < p$, $p > 1$.

    (a) $t_1$ atomar: Es folgt, daß $t'_1$ mit einem atomaren Term $a = t_1$ beginnt. Das ist nur möglich für $t_1 = a = t'_1$. Nach Induktionsvoraussetzung folgt die Behauptung.

    (b) $t_1 = F u_1 \ldots u_r$ mit $r \geq 1$ und $u_i \in T_\Sigma(X)$. Daraus folgt, daß $t'_1$ ebenfalls mit $F$ beginnt und, da die Operationssymbole eine feste Stelligkeit besitzen, $t'_1 = F u'_1 \ldots u'_r$. Nach Induktionsannahme folgt für

    $$u_1 \ldots u_r t_2 \ldots t_n = u'_1 \ldots u'_r t'_2 \ldots t'_n$$

    sofort $u_i = u'_i$ und $t_j = t'_j$ für alle in Frage kommenden $i, j$.

$\square$

Wir haben in diesem Beweis eine vollständige Induktion über die Länge von Termen angewendet. Natürlich verfügen Termmengen wie natürliche Zahlen und Wörter auch über ein eigenes Induktionsprinzip, das wir *Terminduktion* oder auch *algebraische Induktion* nennen. In der *Universellen Algebra* werden Strukturen betrachtet, die über einen bestimmten Satz von Operationen verfügen (*Algebren*); wenn man so will, sind die Operationen die semantischen Objekte, die den Operationssymbolen zugeordnet sind.

Die Operationssymbole, die wir hier eingeführt haben, sind *einsortig*, d.h. alle ihre Argumente sind vom gleichen Typ. In der Informatik werden sonst *mehrsortige* Operationsalphabete bevorzugt, weil sich damit auch Operationen beschreiben lassen, bei denen z.B. ein Argument eine Zahl, ein anderes ein Wort und ein drittes ein Term ist; siehe hierzu [Kl83].

Die polnische Notation, auch klammerlose Präfixnotation genannt, ist nicht die einzige gebräuchliche Termnotation. Wir können alle üblichen Termnotationen durch entsprechende Änderungen an Definition 6.19 präzise beschreiben, z.T. durch eine Erweiterung des Alphabets, jedenfalls aber durch eine Änderung der Erzeugungsklausel 2. Wir wollen am Beispiel der aussagenlogischen Terme einige der üblichen Termnotationen vorstellen.

**Beispiel 6.21** Sei $\Sigma = \{\wedge, \vee, \neg\}$ mit $\sigma(\wedge) = \sigma(\vee) = 2$ und $\sigma(\neg) = 1$. Sei $X$ ein Variablenalphabet mit $\{a, b, c\} \subseteq X$. $T_\Sigma(X)$ ist die Menge der aussagenlogischen Terme mit Variablen $a$, $b$ und $c$. Wir betrachten den Term $\neg(a \wedge (b \vee c)) \vee (a \vee b)$.

1. **Polnische Notation:** $\vee \neg \wedge a \vee bc \vee ab$.

2. **Präfixnotation mit Klammern:** Wegen der festen Stelligkeit der Operationssymbole ist eine Klammerung im Prinzip nicht nötig. Für den Menschen kann eine Klammerung jedoch in der Regel das Verständnis erleichtern. Dann sieht der Beispielterm so aus:

$$\vee(\neg(\wedge(a, \vee(b, c))), \vee(a, b)) \,.$$

(Dies ist die in der Mathematik für Funktionen übliche Schreibweise.)

3. **Infixnotation:** Für zweistellige Operationssymbole ist vielfach eine *Infixnotation* gebräuchlich, bei der das Operationssymbol zwischen

seine Argumente geschrieben wird. In der Regel sind dabei Klammern für eine eindeutige Zerlegung unerläßlich: $\neg(a \wedge (b \vee c)) \vee (a \vee b)$. Man mache sich klar, daß der Term $\neg a \wedge b \vee c \vee a \vee b$ sich nicht eindeutig interpretieren läßt, wenn man keine Prioritätsregeln voraussetzt.

4. **Postfixnotation:** Für die unmittelbare Auswertung von Termen auf einer sogenannten Stapel-Maschine in der Art der SM eignet sich die Umkehrung der polnischen Notation (UPN = umgekehrte polnische Notation, auch Postfixnotation); in der Tat müssen bei einem bekannten Taschenrechner-Fabrikat arithmetische Terme in der UPN eingegeben werden. In UPN sieht der Beispielterm so aus: $abc \vee \wedge \neg ab \vee \vee$. Beachte, daß die Argumente der Operationssymbole in der ursprünglichen Reihenfolge erhalten bleiben. UPN entsteht also nicht durch symbolweise Spiegelung der polnischen Notation!

5. **Bäume:** Die übersichtlichste Darstellung von Termen erhält man durch *Bäume*:

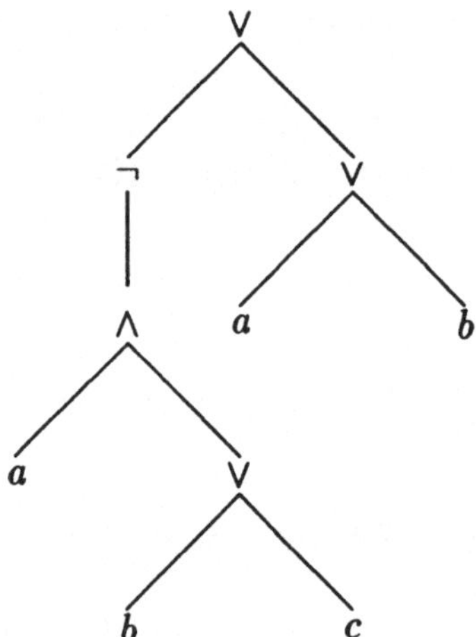

Man nimmt sich häufig die Freiheit heraus, Terme stets in der Notation zu schreiben, die für den jeweiligen Zweck am geeignetsten erscheint. Dabei muß man sich jedoch im klaren darüber sein, daß es in jedem Fall *algorithmisch*, also rein mechanisch möglich ist, Terme aus der einen in die andere Notation zu übersetzen.

Am gebräuchlichsten sind die *geklammerte Präfixnotation* und die *Infixnotation*, weil sie dem menschlichen Lesen am ehesten entgegenkommen.

Manchmal werden dabei schon einmal Klammern weglassen, wenn kein Zweifel über die Zuordnung besteht, z.B. bei sin $\alpha$ oder cos $\frac{\pi}{2}$. Für ein rein formales Operieren auf und mit Termen, z.B. für Induktionsbeweise für irgendwelche Eigenschaften ist die *polnische Notation* am besten geeignet. Für eine Auswertung eines Terms nach einem möglichst einfachen Verfahren wählt man am besten die *umgekehrte polnische Notation*. Für eine bestmögliche Übersicht über die Teiltermstruktur wiederum sind die *Bäume* ein ausgezeichnetes Mittel, sofern man den Aufwand für die zweidimensionale Darstellung nicht scheut.

Bei der Definition von Pascal haben wir viel Mühe aufgewendet, zwischen *Ausdrücken* und Termen zu unterscheiden. Das hatte im wesentlichen mit der Codierung der Prioritätsregeln der Arithmetik in die Syntaxdiagramme zu tun. Im Zusammenhang mit abstrakten Datentypen verwenden wir die Begriffe „Term" und „Ausdruck" eigentlich immer völlig synonym.

Eine wichtige Eigenschaft von Termen, die mit der eindeutigen Termzerlegung (Satz 6.20) zusammenhängt, ist, daß jeder Term einen eindeutigen Wert hat, nachdem man für die Variablen Werte vorgegeben hat:

**Satz 6.22** *Sei* $(\Sigma; \sigma)$ *ein Operatoralphabet,* $X$ *eine Variablenmenge,* $A$ *eine Menge. Für jedes* $n$ *sei jedem Operationssymbol* $f \in \Sigma^{(n)}$ *eine Funktion*

$$F_A : A^n \longrightarrow A$$

*zugeordnet.*

*Sei nun* $f : X \to A$ *eine Funktion („Variablenbelegung"); dann wird durch die Vorschriften*

$$\hat{f}(x) = f(x) \quad \text{für } x \in X$$
$$\hat{f}(Ft_1 \ldots t_n) = F_A(\hat{f}(t_1), \ldots, \hat{f}(t_n))$$

*eine Abbildung* $\hat{f} : T_\Sigma(X) \to A$ *eindeutig bestimmt.*

**Beweis:** Wir haben zwei Dinge zu beweisen: daß $\hat{f}$ eine (totale) Abbildung ist und daß es eindeutig bestimmt ist. Die erste Behauptung folgt aus dem Erzeugungsprinzip. Zeigen wir also die zweite:

Seien $\hat{f}, g$ zwei Funktionen mit den obigen Eigenschaften. Wir wollen zeigen, daß für alle $t \in T_\Sigma(X)$ gilt $\hat{f}(t) = g(t)$. Dies tun wir durch eine Induktion über die Länge von Termen.

Die einzigen Terme der Länge 1 sind die Variablen und die konstanten Operationssymbole aus $\Sigma^{(0)}$. Für Variable gilt

$$\hat{f}(x) = f(x) = g(x) \, ,$$

für konstante Operationen $\hat{f}(F) = F_A = g(F)$. Gelte die Behauptung nun für alle Terme der Länge bis zu $n$. Sei $t = Ft_1 \ldots t_n$ ein Term der Länge $n + 1$. Dann gilt

$$
\begin{aligned}
\hat{f}(Ft_1 \ldots t_n) &= F_A(\hat{f}(t_1), \ldots, \hat{f}(t_n)) \\
&= F_A(g(t_1), \ldots, g(t_n)) \\
&= g(Ft_1 \ldots t_n).
\end{aligned}
$$

Hierbei haben wir im zweiten Schritt die Induktionsannahme ausnutzen können, weil die Terme $t_1, \ldots, t_n$ zusammen höchstens die Länge $n$ haben. $\qquad\Box$


Das Definitionsschema für die Abbildung $\hat{f}$ erinnert bereits an das Schema der primitiven Rekursion, auch wenn es deutlich einfacher ist. In der Tat läßt sich mit Hilfe des vorangehenden Satzes tatsächlich die Gültigkeit einer „primitiven Termrekursion" beweisen. Weil die Rekursion hier über die Struktur der Terme verläuft, nennen wir sie kurz *strukturelle Rekursion* statt primitive Termrekursion.

Wir haben zuvor gesagt, daß man die Elemente von abstrakten Datentypen nicht aufschreiben kann, weil die Trägermenge ja unbekannt ist. Die *Terme* zusammen mit dem Erzeugungsprinzip und Satz 6.22 geben uns hier eine Möglichkeit der Bezeichnung an die Hand:

**Beobachtung:** Jedes Element eines Datentyps läßt sich durch einen (variablenfreien) Term bezeichnen. Die Menge $T_\Sigma \stackrel{\text{def}}{=} T_\Sigma(\emptyset)$ der variablenfreien Terme bietet sich also als darstellungsunabhängige Trägermenge eines abstrakten Datentyps an.

Auch eine Semantik von Termen bekommen wir automatisch: Satz 6.22 garantiert für jede Menge $A$ eine eindeutige Funktion $\hat{f} : T_\Sigma \to A$. Wir nennen sie *Darstellungsfunktion* (representation function); sie bildet jeden Term $t$ auf seine Semantik $t_a$ von $A$ ab. Wir sagen dann auch: $t_A$ wird durch $t$ *bezeichnet* oder $t_a$ ist eine *Darstellung* für $t$. Die folgenden beiden Sonderfälle können bei der Darstellungsfunktion auftreten:

1. Ein Element von $A$ ist Darstellung verschiedener Terme. In unserem Datentyp „Folge" sollen etwa für alle Terme $t$ die Terme $t$ und $\mathtt{cons}(\mathtt{head}(t), \mathtt{tail}(t))$ das gleiche Datenelement bezeichnen.

2. Ein Element von $A$ wird durch gar keinen Term bezeichnet, d.h. $A$ enthält „zu viele" Elemente.

Schränkt man sich auf die Teilmenge $A' \subseteq A$ der Elemente von $A$ ein, die durch einen Term bezeichnet werden, so gibt es eine Abbildung

$$a : A \longrightarrow T_\Sigma$$

mit der Eigenschaft $\hat{f}(a(x)) = x$ für alle $x \in A$. Diese Abbildung heißt *Abstraktionsfunktion*; sie abstrahiert von den Eigenarten der Darstellung eines bestimmten Elements.

Wir werden Terme im folgenden zur Spezifikation und Darstellung abstrakter Datentypen verwenden.

## 6.5  Spezifikation abstrakter Datentypen

Für die Spezifikation abstrakter Datentypen werden wir eine Pseudocode-ähnliche Notation verwenden, die allerdings nicht so formal eingeführt werden soll. Ein grundlegender Unterschied zwischen dieser Spezifikationssprache für abstrakte Datentypen und dem Pseudocode als Spezifikationssprache für Algorithmen ist allerdings, daß der Pseudocode einen *imperativen* Charakter hat, d.h. wir befehlen hier im einzelnen, welche Aktionen nacheinander auszuführen sind. Die Datentyp-Spezifikationssprache dagegen ist von einer *deklarativen* Natur, d.h. wir beschreiben nur die zu realisierende Funktion, ohne auf einen bestimmten Handlungsablauf Wert zu legen. Dieser Unterschied in der Betrachtungsweise ist auch vollkommen logisch: In der Algorithmenbeschreibung müssen wir tatsächlich angeben, *wie* eine bestimmte Funktion berechnet werden kann. Die abstrakten Datentypen *verwenden* wir dabei nur, ohne uns an dieser Stelle bereits für deren algorithmische Realisierung zu interessieren.

Wenn wir abstrakte Datentypen spezifizieren, zeichnen wir zuerst eine Menge von *erzeugenden Operationen* (Konstruktoren) aus, mit denen sich alle Datenelemente erzeugen lassen. Über den so beschriebenen Termen definiert man weitere Operationen durch Rekursion, wie im folgenden Beispiel vorgeführt:

**Beispiel 6.23**

```
datatype Folge(A);

constructors
        empty: () → Folge;
        cons : A × Folge → Folge;
operations
        head : Folge → A;
        tail : Folge → Folge;
        is_empty: Folge → Boolean;
        cat: Folge × Folge → Folge;
        len: Folge → IN;

equations

        head(cons(a,F)) = a;

        tail(cons(a,F)) = F;

        is_empty(empty)     = True;
        is_empty(cons(a,F)) = False;

        cat(empty,v)     = v;
        cat(cons(a,F),v) = cons(a,cat(F,v));

        len(empty)     = 0;
        len(cons(a,F)) = len(F) +1
end
```

Die definierenden Gleichungen für is_empty, cat und len erfüllen die
Bedingungen für die strukturelle Rekursion, so daß wir sicher sein können,
daß dadurch Operationen auf Folge($A$) eindeutig definiert werden.   Die
Gleichungen für head und tail dagegen sind nur ein Teil einer strukturell-
rekursiven Definition; in der Tat sind diese Operationen beide partiell. Wir
wollen uns auf strukturell-rekursive Gleichungsmengen beschränken, auch
wenn sie ggf. partielle Operationen definieren.

Über die Semantik solcher Spezifikationen sprechen wir später.  Wir
führen noch die folgenden Bezeichnungen für verschiedene Arten von Ope-

rationen bei abstrakten Datentypen ein:

**Definition 6.24 (Operationen in abstrakten Datentypen)** Außer den Konstruktoren als erzeugenden Operationen gibt es in abstrakten Datentypen noch die folgenden Arten von Operationen:

| | |
|---|---|
| Selektoren | zerlegen eine Datenstruktur in ihre Bestandteile und sind somit Inverse zu den Konstruktoren. Sie sind in der Regel partielle Operationen. |
| Observatoren | liefern Informationen über Elemente des abstrakten Datentyps.  Man geht davon aus, daß der innere Aufbau der Elemente eines abstrakten Datentyps unbekannt ist und daß alles, was wir über diese Elemente in Erfahrung bringen können, durch Operationen geliefert wird, deren Werte nicht im abstrakten Datentyp liegen. |
| Transformatoren | formen Elemente eines abstrakten Datentyps um. Dies ist eine Klasse von Operationen mit Ergebnis im abstrakten Datentyp, die weder Konstruktoren noch Selektoren sind. |

Im Beispiel 6.23 sind **head** und **tail** Selektoren, **is_empty** und **len** Observatoren und **cat** ein Transformator.

Wie bereits im letzten Abschnitt angedeutet, verwenden wir Terme, um die Elemente abstrakter Datentypen zu bezeichnen. Dabei kommen im Prinzip alle Operationssymbole in Betracht. Als *Implementierungen* betrachten wir alle Mengen $A$ zusammen mit Operationen, welche die definierenden Gleichungen erfüllen. Da wir darauf bestehen, daß jedes Datenelement durch einen Konstruktorterm bezeichenbar ist, müssen bestimmte Paare von Termen *in allen Implementierungen* das gleiche Element bezeichnen. Solche Terme nennen wir *äquivalent*.

**Definition 6.25** Gegeben sei eine Datentyp-Spezifikation $\mathcal{D}$ über einem Operatoralphabet $(\Sigma; \sigma)$. Zwei Terme $t_1, t_2 \in T_\Sigma$ heißen *äquivalent*, wenn sie sich durch Rechnung im Gleichungssystem von $\mathcal{D}$ ineinander überführen lassen.

Den Begriff des Rechnens in einem Gleichungssystem wollen wir dabei nicht formalisieren; siehe hierzu vielmehr [Kl83]. An dieser Stelle wollen wir uns auf ein intuitives Verständnis dieses Begriffs verlassen, wie wir es aus der Schulmathematik mitbringen.

**Beispiel 6.26** Als Beispiel soll gezeigt werden, daß im Datentyp $\mathtt{Folge}(A)$ der Term $\mathtt{cons}(\mathtt{head}(F), \mathtt{tail}(F))$ für alle $F \neq \mathtt{empty}$ äquivalent zu $F$ ist. Das bedeutet, daß die durch diese beiden Terme bezeichneten Datenelemente in allen Implementierungen von $\mathtt{Folge}(A)$ gleich sind.

Das Erzeugungsprinzip lehrt zunächst, daß stets entweder $F = \mathtt{empty}$ oder $F = \mathtt{cons}(a, F')$ für bestimmte $a, F'$ gilt. $F \neq \mathtt{empty}$ ist hier vorausgesetzt, also gilt $F = \mathtt{cons}(a, F')$. Daraus folgt

$$
\begin{aligned}
\mathtt{cons}(\mathtt{head}(F), \mathtt{tail}(F)) &= \mathtt{cons}(\mathtt{head}(\mathtt{cons}(a, F')), \mathtt{tail}(\mathtt{cons}(a, F'))) \\
&= \mathtt{cons}(a, F') \text{ nach Gleichung 1 und 2} \\
&= F \,.
\end{aligned}
$$

**Definition 6.27 (Abstrakter Datentyp)** Sei $\mathcal{D}$ eine Datentyp-Spezifikation in der Art von 6.23, $\Sigma$ die Menge der Konstruktoren in $\mathcal{D}$, $\Omega$ die Menge aller Operationssymbole in $\mathcal{D}$ inklusive der Konstruktoren. Sei außerdem $E$ die Menge der $\Omega$-Terme, die nicht aufgrund der Gleichungen zu $\Sigma$-Termen äquivalent sind. Der durch $\mathcal{D}$ spezifizierte abstrakte Datentyp ist gegeben durch die Trägermenge $T_\Sigma \cup E$ und die folgenden Operationen:

1. die Konstruktoren aus $\Sigma$ als Vorschreibeoperationen entsprechend Definition 6.19,

2. die definierten Operationen entsprechend ihrer strukturell-rekursiven Definition.

Die Termmenge $E$ in dieser Definition bezeichnet Ausnahmeelemente („exceptions") bzw. Fehler („errors"). Hierzu gehören im Fall des Datentyps $\mathtt{Folge(A)}$ etwa $\mathtt{tail(empty)}$ und $\mathtt{head(empty)}$, aber auch Terme wie $\mathtt{cons(head(empty),empty)}$ usf. Durch die Anwendungsbeispiele in den folgenden Abschnitten wird die Idee der Datenabstraktion weiter veranschaulicht werden.

# 6.6  Anwendungen abstrakter Datentypen

Zu Beginn dieses Abschnitts zeigen wir zunächst einige der Probleme, die
bei der Implementierung abstrakter Datentypen in Programmiersprachen
wie PASCAL zutage treten.

## 6.6.1  Folgen

Als erstes wollen wir den abstrakten Datentyp Folge($A$) laut Beispiel 6.23
in PASCAL implementieren. Dazu gibt es mehrere Möglichkeiten. Die sog.
*verzeigerte Liste* hatten wir in Beispiel 5.9 bereits kurz angesprochen; hier
stellen wir diese Lösung komplett vor.

**Beispiel 6.28 (Folgen in Pascal, 1. Lösung)** Hier werden endliche Folgen beliebiger Länge durch *verzeigerte Verbunde* dargestellt. Ein Folgen-
eintrag ist hier ein Verbund (**record**) aus einem *Element* und einem Zeiger
auf den *Rest* der Folge. PASCAL-Funktionen können bekanntlich keine Datenstrukturen wie etwa **record**s oder **array**s zurückgeben; deshalb wird der
Typ **Folge** als Zeiger auf den angegebenen **record** angegeben. Die leere
Folge wird natürlicherweise durch einen **nil**-Zeiger dargestellt.

PASCAL erlaubt uns nicht, Datentypdefinitionen wie in Beispiel 6.23 „pa-
rametrisiert" zu halten in dem Sinne, daß wir Folgen über einem beliebigen
Datentyp **A** beschreiben. Vielmehr müssen wir uns auf ein bestimmtes **A**
festlegen.

**error** sei eine Prozedur, die den angegebenen Fehlertext ausgibt und das
Programm gewaltsam beendet.

```
type A = (* Muß angegeben werden! *);
    Folge   = ↑Eintrag;
    Eintrag = record
                   Elem : A;
                   Rest : Folge
          end;

function empty: Folge;
begin
   empty := nil
```

```pascal
end;

function cons(x: A; l: Folge): Folge;
var aux: Folge;
begin
   new(aux); (* Besorge Platz für einen neuen Eintrag *)
   aux↑.Elem := x;
   aux↑.Rest := l;
   cons := aux (* Gib den neuen Eintrag zurück *)
end;

function head(l: Folge): A;
begin
   if l <> nil then head := l↑.Elem
   else error ("List empty")
end;

function tail(l: Folge): Folge;
begin
   if l <> nil then tail := l↑.Rest
   else error ("List underflow")
end;

function is_empty(l: Folge): Boolean;
begin
   is_empty := l=nil
end;

function cat(v,w: Folge): Folge;
begin
   if v = nil then
      cat := w
   else
      cat := cons(v↑.Elem, cat(v↑.Rest,w))
end;

function len(v: Folge): Integer;
begin
   if v = nil then
```

```
        len := 0
    else
        len := len(v↑.Rest) +1
end
```

In diesem Beispiel haben wir die Konstruktoren `empty` und `cons` auf
naheliegende Weise implementiert. Bei `cons` müssen wir zunächst durch
`new` neuen Speicherplatz für ein Folgenelement besorgen; hier wird dann das
neue Element und der Zeiger auf die ursprüngliche Folge eingetragen. Die
Operationen `head`, `tail` und `is_empty` sind von den definierenden Gleichungen aus 6.23 auf die hier gewählte Datendarstellung zurückgeführt worden.
Bei `cat` und `len` haben wir einfach die strukturell-rekursiven Definitionen
in rekursive PASCAL-Funktionsprozeduren übersetzt. In Kapitel 4 haben
wir gesehen, daß die Implementierung rekursiver Prozeduren mit Hilfe des
Prozedurkellers durchaus einen gewissen Aufwand verursacht; wir werden
daher versuchen, für diese Operationen andere, iterative Implementierungen
anzugeben.

Zuvor möchten wir jedoch noch auf ein anderes Problem hinweisen, welches dadurch entsteht, daß PASCAL die Verwendung abstrakter Datentypen
nicht zureichend unterstützt. Zwar haben wir die Möglichkeit, benutzerdefi-
nierte Trägermengen einzuführen und die zugehörigen Operationen in Form
von Funktionsprozeduren zu implementieren; es ist jedoch nicht möglich,
diese Trägermengen und Funktionen zu einem einheitlichen Konstrukt zu-
sammenzubinden und die Elemente der Trägermengen vor unerlaubtem Zugriff zu schützen, d.h. also vor jedem Zugriff, der nicht die zugehörigen Funktionen verwendet:

**Beispiel 6.29** Bereits in Beispiel 5.10 haben wir auf eine Gefahr bei der
Verwendung von Zeigern hingewiesen, die dadurch entsteht, daß verschiedene Zeiger auf denselben Speicherplatz zeigen. Im Zusammenhang mit
der in 6.28 gewählten Implementierung kann dieses Phänomen leicht wieder
auftreten. Im folgenden Beispiel nehmen wir an, daß der Typ `A=Integer`
vereinbart ist und daß `v` und `w` vom Typ `Folge` deklariert sind:

```
v := cons(2,cons(3,empty));
```

Nach dieser Anweisung können wir uns die durch `v` gegebene Liste so
vorstellen:

Nach der weiteren Anweisung

```
w := cons(1,v);
```

sieht die Lage dann so aus:

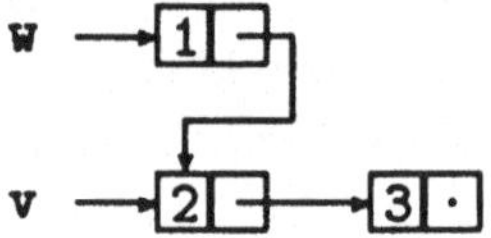

Betrachten wir nun die (nach der Ideologie der Datenabstraktion unzulässige) Anweisung

**v↑.Rest := nil**

so ergibt sich anschließend das Bild:

Das bedeutet, daß sich auch der Inhalt von **w** geändert hat, was bei einer
Inspektion des Programmtexts

```
v := cons(2,cons(3,empty));
w := cons(1,v);
v↑.Rest := nil
```

nicht unbedingt ersichtlich ist. Es läßt sich hieraus die Lehre ziehen, daß
man Datenabstraktionen in PASCAL-Programmen unbedingt strikt einhalten
sollte, auch wenn die Sprache dies nicht erzwingt und auch nicht erzwingen
kann. Auch Änderungen der gewählten Implementierung werden nur auf
diese Weise gefahrlos möglich.

Wir kommen jetzt zu den Verbesserungen von Beispiel 6.28 zurück. Eine offensichtlich einfache Verbesserung ist bei `len` möglich: wir brauchen nur zu zählen, wie oft wir dem `Rest`-Zeiger nachgehen können:

**Beispiel 6.30 (Verbesserung von `len`)** Bei der folgenden iterativen Version von `len` ist wichtig, zu bemerken, daß das Eingabeargument nicht verändert wird: v wird als *Wertparameter* übergeben, was bedeutet, daß wir innerhalb von `len` auf einer Kopie des Zeigers v operieren. v selbst wird nicht verändert.

```
function len(v: Folge): Integer;
var l: Integer;
begin
   l := 0;
   while v <> nil do begin
      v := v↑.Rest;
      l := l+1
   end;
   len := l
end
```

**Beispiel 6.31 (Verbesserung von `cat`)** Etwas komplizierter wird es bei der Verbesserung von `cat`: Wenn die erste Folge v nicht leer ist, muß sie durchlaufen und ihre Elemente dabei kopiert werden; dabei ist wie im Beispiel 5.9 hinten anzuhängen. Wir merken uns den Anfang der Kopie in einer Variablen Anfang und verwenden eine Variable Lauf zum Herstellen der Kopie. Am Ende der Kopie von v kann dann ein Zeiger auf w eingetragen werden.

```
function cat(v,w: Folge): Folge;
var Anfang, Lauf, Hilf: Folge;
begin
   if v=nil then
      Anfang := w
   else begin
      new(Anfang);
      Lauf := Anfang;
      Lauf↑.Elem := v↑.Elem;
      while v↑.Rest <> nil do begin
```

```
        new(Hilf); (* Neuen Platz besorgen *)
        Lauf↑.Rest := Hilf; (* Neuen Platz hinten anhängen *)
        Lauf := Hilf; (* Laufende Position weiterschalten *)
        v := v↑.Rest; (* Eingabe  v weiterschalten *)
        Lauf↑.Elem := v↑.Elem; (* Element kopieren *)
      end;
      Lauf↑.Rest := w (*  w hinten anhängen *)
    end;
    cat := Anfang
end
```

Eine weitere Verbesserung von **cat** kann man vornehmen, wenn die Verwendung von **cat** eingeschränkt wird: Wenn man immer nur Anweisungen des Typs

```
    v := cat(v,w)
```

verwenden möchte und anschließend der Inhalt von **v** nicht mehr relevant ist, kann auf das Kopieren von **v** und die dazu notwendige kostspielige Anforderung immer neuer Speicherplätze verzichtet werden. Wegen der Veränderung des ersten Arguments ist es dann jedoch nicht mehr sinnvoll, **cat** als **function** zu definieren; wesentlich klarer wird die Wirkung, wenn wir eine **procedure** mit **var**-Parameter verwenden:

**Beispiel 6.32 (2. Verbesserung von cat)**

```
procedure cat(var v: Folge; w: Folge);
    (* Iterative Variante unter Zerstörung des ersten Arguments *)
var Anfang: Folge;
begin
    if v=nil then Anfang := w
    else begin
        Anfang := v;
        while v↑.Rest <> nil do v := v↑.Rest; (*  v durchlaufen *)
        v↑.Rest := w
    end
end;
```

Wir möchten noch eine grundlegend andere Implementierung für endliche Folgen angeben, die den Verwaltungsaufwand für die Anforderung neuer Speicherplätze minimiert:

**Beispiel 6.33 (Folgen in Pascal, 2. Lösung)** Wir wählen jetzt eine Implementierung endlicher Folgen durch ein Feld mit einem Index, der jeweils auf das erste Listenelement innerhalb des Felds zeigt. Dabei legen wir die Elemente der Liste in umgekehrter Reihenfolge in dem Feld ab, da nach unserer Datentyp-Definition das Lesen und Schreiben nur an dem Ende der Folge möglich ist, wo auch Elemente abgehangen werden können.

Die maximale Länge der endlichen Folge müssen wir in Gestalt einer Konstanten **MaxLen** zur Übersetzungszeit festlegen. Aus Effizienzgründen sind die meisten Operationen des Datentyps wie bei der zweiten Verbesserung von **cat** als Prozeduren mit Seiteneffekten definiert. Wir können deshalb auch darauf verzichten, den Typ **Folge** als einen Zeiger zu definieren.

```
const MaxLen =   (* Maximale Länge *);
type  A =        (* Muß angegeben werden!     *);
      Folge = record
                  Index: 0..MaxLen;
                  Liste: array [1..MaxLen] of A
              end;

procedure empty(var l: Folge);
(* Verwandelt  l in die leere Folge *)
begin
   l.Index := 0
end;


procedure cons(x:A; var l: Folge);
(* Fügt  x vor die Folge  l *)
begin
   if l.Index < MaxLen then begin
      l.Index := l.Index + 1;
      l.Liste[l.Index] := x end
   else error("List overflow")
end;
```

```
function head (l: Folge): A;
begin
   if l.Index > 0 then head := l.Liste[l.Index]
   else error("List empty")
end;


procedure tail (var l: Folge);
(* Entfernt das erste Element von  l *)
begin
   if l.Index > 0 then l.Index := l.Index -1
   else error("List underflow");
end;


function is_empty(l: Folge): Boolean;
begin
   is_empty := l.Index = 0
end;


procedure cat(var v: Folge; w: Folge);
(* Kettet  w  hinten an  v  an *)
var i,j: Integer;
begin
   if v.Index + w.Index < MaxLen then begin
      j  := w.Index;
      for i := 1 to v.Index do
         v.Liste[j+i] := v.Liste[i]; (*  v hochkopieren *)
      for i := 1 to w.Index do
         v.Liste[i] := w.Liste[i] end (*  w einkopieren *)
   else
      error("List overflow")
end;


function len(l: Folge): Integer;
begin
   len := l.Index
end
```

Bemerkenswert ist, daß wir beim Abhängen von Elementen nur den Index des „ersten" Elements verändern, den entsprechenden Eintrag im Feld jedoch unverändert lassen. Ebenso verfahren wir beim „Löschen" einer Folge durch die Prozedur empty: Es wird lediglich der Index auf Null gesetzt, während die Inhalte des Felds unverändert bleiben. In dieser Implementierung ist cat in jedem Fall eine kostspielige Operation, auch wenn man wie hier eine iterative Lösung mit Seiteneffekt wählt: da der Anfang der Folge am Ende des Feldes steht, müssen wir den ursprünglichen Inhalt zuerst hochkopieren. Ausgesprochen leicht wird dagegen die Operation len, da die Länge hier direkt in der Datenstruktur vermerkt ist.

Die Gleichung tail(cons(a,F))=F aus der Datentyp-Spezifikation gilt übrigens in der PASCAL-Implementierung nicht oder jedenfalls dann nicht, wenn wir darauf bestehen, die PASCAL-Verbunde jeweils vollständig zu analysieren. Eine solche vollständige Analyse widerspricht jedoch dem Gedanken der Datenabstraktion, die uns dazu anhält, nur die erlaubten Operationen des Datentyps zu verwenden. Unter Voraussetzung eines Gleichheitsprädikats auf dem Basistyp $A$ können wir die Gleichheit in Folge(A) durch eine (doppelt) strukturell-rekursive Operation beschreiben:

**operations**
```
        equal: Folge × Folge → Boolean;
```

**equations**
```
        equal(empty,empty) = True;
        equal(empty,cons(a,F)) = False;
        equal(cons(a,F),empty) = False;
        equal(cons(a,F),cons(b,G)) = (a=b) and equal(F,G)
```

Das können wir natürlich auch in der PASCAL-Implementierung so beschreiben. equal ist das durch das Erzeugungsprinzip induzierte „natürliche" Gleichheitsprädikat auf Folge(A). Vielfach verzichtet man darauf, es eigens zu spezifizieren, sondern versteht die Gleichheit von Elementen abstrakter Datentypen standardmäßig auf diese Weise.

Für Suchprobleme in Folgen kann es durchaus interessant sein, zu wissen, ob die Folge sortiert ist. Wir beschreiben sortierte Folgen als *Erweiterung* der Folgen aus Beispiel 6.23, wobei wir gleichzeitig eine Operation hinzunehmen, die nachprüft, ob ein Element in einer Folge vorkommt:

**Beispiel 6.34** Der Datentyp „Sortierte Folge" wird als *Erweiterung* des Datentyps „Folge" beschrieben. In der nachfolgenden Spezifikation wird dies

durch die Zeile „**uses Folge(A)**" ausgedrückt. Diese ist so zu verstehen, als
ob der Text von 6.23 hier jeweils hinter die entsprechenden Schlüsselwörter
einsortiert wäre. Die Zeile mit „**assumes**" kann als eine Einschränkung an
die möglichen Parameter **A** verstanden werden, die wir hier akzeptieren. Es
sind nur solche Typen **A** erlaubt, die über ein Prädikat $\leq$ verfügen.

```
datatype   Sortierte_Folge(A);


uses       Folge(A);
assumes    ≤ : A × A → Boolean;


operations
        insert:    A × Folge → Folge;
        delete:    A × Folge → Folge;
        sort:      Folge → Folge;
        is_member: A × Folge → Boolean;
        is_sorted: Folge → Boolean;


equations
        is_member(a,empty)      = False;
        is_member(a,cons(b,F)) = (a=b) or is_member(a,F);

        is_sorted(empty)       = True;
        is_sorted(cons(a,F)) = a ≤ head(F)
                                and is_sorted(tail(F));

        insert(a,empty)      = cons(a,empty);
        insert(a,cons(b,F)) = if a≤b then cons(a,cons(b,F))
                                else cons(b,insert(a,F))
                                endif;

        delete(a,empty)      = empty;
        delete(a,cons(b,F)) = if a=b then F
                                else cons(b,delete(a,F))
                                endif;

        sort(empty)      = empty;
        sort(cons(a,F)) = insert(a,sort(F))
```

**end**

Die Sortiermethode, die wir hier bei der Operation **sort** angewendet
haben, heißt „Sortieren durch Einfügen". Diese elementare Sortiermethode
wird wohl von den meisten Menschen z.B. beim Sortieren eines Kartenstapels
verwendet.

Die Implementierung der zusätzlichen Operation **insert** in PASCAL ist
deutlich weniger verständlich und zeigt, wie vorteilhaft eine abstrakte Beschreibung demgegenüber sein kann:

**Beispiel 6.35** Die folgenden beiden Prozeduren sind als Ergänzung zu Beispiel 6.28 bzw. 6.33 zu sehen:

```
procedure insert(x: A; var l: Folge);
    (* Implementierung 6.28 durch verzeigerte Listen *)

var
    first, aux, last: Folge;
    ende: Boolean;

begin
    if l=nil then insert := cons(x,empty)
    else
        if x <= l↑.first then insert := cons(x,l)
        else begin
            first := l; (* Rette den Zeiger auf den Anfang *)
            ende := false; (* Noch nicht am Ende der Liste *)
            while (l↑.first < x) and not ende do begin
                last := l; (* Rette den augenblicklichen Zeiger *)
                if l↑.rest=nil then ende := true
                else l := l↑.rest
            end;
            (* Jetzt zeigt last auf das Feld, hinter dem wir  x
               eintragen müssen. Falls ende=false, zeigt  l
               auf den Rest der Liste, der hinter dem neuen Element
               noch anzuhängen ist. *)
            new(aux);
            aux↑.first := x;
```

```
            last↑.rest := aux;
            if ende then aux↑.rest := nil
            else aux↑.rest := l;
            insert := first
      end
end;


procedure insert (x:A; var l: Folge);
   (* Implementierung 6.33 durch Feld mit Index *)


var i: Integer;


begin
   if l↑.first = MaxLen then error("List overflow")
   else begin
      i := l↑.first; (* Erstes Element der Folge = Letztes
                       Element im Feld *)
      l↑.first := l↑.first +1; (* Ein Element mehr! *)
      while (x > l↑.list[i]) and (i > 0) do begin
         l↑.list[i+1] := l↑.list[i]; (* Hochkopieren *)
         i := i-1;
      end;
      l↑.list[i+1] := x (* Element eintragen *)
   end
end
```

Wie man sieht, kann es jetzt bei der Implementierung der Folge durch ein
Feld mit Index beim Einfügen eines inneren Elements wie zuvor bei cat im
schlimmsten Fall dazu kommen, daß die gesamte restliche Folge kopiert werden muß. (Gleiches gilt übrigens für das hier nicht angesprochene Löschen
eines inneren Elements.) Bei einer Implementierung durch verzeigerte Verbunde tritt dieses Phänomen nicht auf. Man kann daher nicht mehr allgemein sagen, welche Implementierung die bessere ist; die Beantwortung dieser
Frage hängt unter anderem davon ab, wie lang die Folgen in der Anwendung
werden und wie oft innere Elemente eingefügt oder gelöscht werden werden
müssen. Deshalb kann es während der Betriebszeit eines Programms, das
solche Folgen verwendet, dazu kommen, daß die Art der Implementierung
geändert werden muß. Eine konsequent eingehaltene Datenabstraktion mit
klar definierter Schnittstelle in Form der zulässigen Operationen bietet auch

in diesem Fall erhebliche Vorteile.

Als Beispiel der Verifikation eines rekursiven Algorithmus über abstrakten Datentypen führen wir das *Mischen* zweier sortierter Folgen in eine sortierte Ausgabefolge vor:

**Spezifikation 6.36** Sei $S$ eine Menge mit einer Ordnungsrelation $\leq$. Gesucht ist eine Funktion

$$\text{Mische} : \text{Folge}(S) \times \text{Folge}(S) \to \text{Folge}(S) \,.$$

**Eingabe:** $A, B \in \text{Folge}(S)$.

**Vorbedingung:** $\text{is\_sorted}(A) \wedge \text{is\_sorted}(B)$.

**Ausgabe:** $C \in \text{Folge}(S)$.

**Nachbedingung:**

1. $\text{is\_member}(s, C) \Leftrightarrow \text{is\_member}(s, A) \vee \text{is\_member}(s, B)$
2. $\text{is\_sorted}(C)$
3. $\text{len}(A) + \text{len}(B) = \text{len}(C)$

Auch an diesem Beispiel möchten wir nochmals zeigen, wie bequem mit einem funktionalen Programmierstil gearbeitet werden kann:

**Beispiel 6.37** In unserer Datentyp-Spezifikationssprache kann die Operation Mische wie folgt beschrieben werden:

```
operations Mische: Folge × Folge → Folge;
equations
        Mische(A,empty) = A;
        Mische(empty,B) = B;
        Mische(cons(a₁,A),cons(b₁,B)) =
                if a₁ ≤ b₁ then cons(a₁,Mische(A,cons(b₁,B)))
                else cons(b₁,Mische(cons(a₁,A),B)
```

Wir möchten nun zeigen, daß eine Operation Mische mit diesen Eigenschaften die Nachbedingung aus 6.36 erfüllt:

**Beweis:**   Die Gültigkeit der Nachbedingungen 1. und 3. sieht man wie folgt ein:

Für $A = \texttt{empty}$ oder $B = \texttt{empty}$ sind beide Aussagen trivial. Sei also $A \neq \texttt{empty} \neq B$. Gelten die Behauptungen beide bereits für $\textbf{len}(A') + \textbf{len}(B') \leq p$. Sei nun $A = \texttt{cons}(a_1, A')$ und $B = \texttt{cons}(b_1, B')$. Dann ist $\texttt{is\_member}(a_1, A) = \text{W} = \texttt{is\_member}(a_1, C)$ nach der dritten Zeile der Definition, ähnlich für $b_1$. Für die Elemente von $A'$ und $B'$ folgt die Aussage aufgrund der Induktionsannahme. Ebenso durch Anwendung der Induktionsannahme lesen wir aus der dritten Zeile der Definition ab

$$
\begin{aligned}
\textbf{len}(C) \;&=\; 1 + (\textbf{len}(A') + (1 + \textbf{len}(B'))) \\
&=\; \textbf{len}(A') + \textbf{len}(B') + 2 \\
&=\; \textbf{len}(A) + \textbf{len}(B) \;.
\end{aligned}
$$

Die zweite Nachbedingung folgt auf ähnliche Weise: Für $A = \texttt{empty}$ oder $B = \texttt{empty}$ läuft die Behauptung $\texttt{is\_sorted}(C)$ sofort auf die Vorbedingung $\texttt{is\_sorted}(B)$ bzw. $\texttt{is\_sorted}(A)$ hinaus. Im anderen Fall schließt man wieder durch Induktion, wobei offensichtlich gilt:

$$
a_1 \leq b_1 \wedge \texttt{is\_sorted}(\texttt{Mische}(A', \texttt{cons}(b_1, B'))) \;\Rightarrow\; \texttt{is\_sorted}(C)
$$

und

$$
a_1 > b_1 \wedge \texttt{is\_sorted}(\texttt{Mische}(\texttt{cons}(a_1, A'), B')) \;\Rightarrow\; \texttt{is\_sorted}(C)
$$

$\square$

Wie man sieht, ist der Korrektheitsbeweis für die funktionale, strukturell-rekursive Definition nahezu trivial. Betrachten wir nun im Gegensatz dazu eine ebenfalls rekursive Beschreibung eines Algorithmus für $\texttt{Mische}$ in dem hier vorgegebenen imperativen Pseudocode, der mit Korrektheitsprädikaten angereichert ist:

```
(* Wir verwenden die folgenden Variablen : *)
   a₁,b₁,c₁: S
   A',B',C':  Folge(S)
{P} if is_empty(A) then
   C  :=  B {Q₁}
elsif is_empty(B) then
```

$$C \; := \; A \; \{Q_2\}$$

**else** $\{P_1\}$
$\quad a_1 \; := \; \mathtt{head}(A)$
$\quad b_1 \; := \; \mathtt{head}(B)$
$\quad$ **if** $a_1 \; \leq \; b_1$ **then**
$\qquad c_1 \; := \; a_1$
$\qquad A' \; := \; \mathtt{tail}(A)$
$\qquad B' \; := \; B \; \{P_{12}\}$
$\quad$ **else**
$\qquad c_1 \; := \; b_1$
$\qquad A' \; := \; A$
$\qquad B' \; := \; \mathtt{tail}(B) \; \{P_{22}\}$
$\quad$ **endif** $\{P_2\}$
$\quad C' \; := \; \mathtt{Mische}(A',B') \; \{P_3\}$
$\quad C \; := \; \mathtt{cons}(c_1,C') \; \{Q_3\}$
**endif** $\{Q\}$

Dabei seien $P,Q$ die in 6.36 angegebenen Vor- und Nachbedingungen. Wir behaupten, daß der Algorithmus bezüglich dieser Bedingungen $P,Q$ korrekt ist.

**Beweis:** Offensichtlich muß hier gelten $Q_1 \Rightarrow Q$, $Q_2 \Rightarrow Q$ und $Q_3 \Rightarrow Q$. Wir wählen

$$
\begin{aligned}
Q_1 \; &= \; \mathtt{is\_empty}(A) \wedge \mathtt{is\_sorted}(B) \\
Q_2 \; &= \; \mathtt{is\_empty}(B) \wedge \mathtt{is\_sorted}(A) \; .
\end{aligned}
$$

Auf $Q_3$ kommen wir noch später zu sprechen. Die Fälle $Q_1$ und $Q_2$ können jedoch als abgehandelt gelten, denn $Q_1 \Rightarrow Q$ gilt, weil $\mathtt{len}(A) = 0 \wedge C = B$ gilt; $Q_2 \Rightarrow Q$ gilt, weil $\mathtt{len}(B) = 0 \wedge C = A$. Man rechnet sofort aus:

$$P_1 = \mathtt{is\_sorted}(A) \wedge \mathtt{is\_sorted}(B) \wedge \neg\,\mathtt{is\_empty}(A) \wedge \neg\,\mathtt{is\_empty}(B) \; .$$

Die letzten beiden Teilterme hiervon können wir aufgrund des Erzeugungsprinzips auch umformulieren als

$$A = \mathtt{cons}(x,v) \wedge B = \mathtt{cons}(y,w) \; .$$

Dann rechnet man leicht aus:

$$
\begin{aligned}
P_{12} \; = \; & c_1 = x \wedge A' = v \wedge B' = \mathtt{cons}(y,w) \wedge x \leq y \\
& \wedge\,\mathtt{is\_sorted}(A) \wedge \mathtt{is\_sorted}(B)
\end{aligned}
$$

Offensichtlich können wir in den „`is_sorted`"-Termen $A$ und $B$ durch $A'$ und $B'$ ersetzen; dies ist eine leicht zu beweisende Eigenschaft von `is_sorted`. Dann können wir auf ähnliche Weise errechnen:

$$P_{22} \;=\; c_1 = y \wedge A' = \text{cons}(x,v) \wedge B' = w \wedge y < x$$
$$\wedge \texttt{is\_sorted}(A') \wedge \texttt{is\_sorted}(B')$$

Offensichtlich muß wiederum gelten $P_{12} \Rightarrow P_2$ und $P_{22} \Rightarrow P_2$. Da $A$ und $B$ sortiert waren und wir aus genau einer dieser beiden Folgen ein Element entfernt haben, können wir wählen

$$P_2 \;=\; c_1 \leq \text{head}(A') \wedge c_1 \leq \text{head}(B')$$
$$\wedge \texttt{is\_sorted}(A') \wedge \texttt{is\_sorted}(B')$$
$$\wedge \text{len}(A') + \text{len}(B') + 1 = \text{len}(A) + \text{len}(B)$$

Für den rekursiven Aufruf führen wir wiederum eine Induktion über die Gesamtlänge von $A$ und $B$ durch. Die Induktionsverankerung ist bereits klar. Aufgrund der Annahme, daß `Mische`$(A', B')$ bereits die zu beweisende Eigenschaft hat, können wir leicht errechnen

$$P_3 \;=\; \texttt{is\_member}(s, C') \Leftrightarrow \texttt{is\_member}(s, A') \vee \texttt{is\_member}(s, B')$$
$$\wedge \texttt{is\_sorted}(C')$$
$$\wedge \text{len}(A') + \text{len}(B') = \text{len}(C')$$
$$\wedge c_1 \leq \text{head}(C')$$

Wegen der letzten Bedingung hiervon wird gelten `is_sorted`$(\text{cons}(c_1, C'))$. Offensichtlich gilt

$$\texttt{is\_member}(s, C) \Leftrightarrow s = c_1 \vee \texttt{is\_member}(s, C')$$

und

$$\texttt{is\_member}(c_1, A) \vee \texttt{is\_member}(c_1, B) \;.$$

Daher können wir insgesamt errechnen:

$$Q_3 \;=\; \texttt{is\_member}(s, C) \Leftrightarrow \texttt{is\_member}(s, A) \vee \texttt{is\_member}(s, B)$$
$$\wedge \texttt{is\_sorted}(C)$$
$$\wedge \text{len}(A') + \text{len}(B') + 1 = \text{len}(C)$$

Da wir bereits zuvor eingesehen haben, daß $\text{len}(A) + \text{len}(B) = \text{len}(A') + \text{len}(B') + 1$ gilt, können wir nun $Q_3 \Rightarrow Q$ schließen, womit der Beweis abgeschlossen ist. $\qquad\square$

## 6.6.2  Binärbäume

Wir haben Bäume schon kurz im Zusammenhang mit Termdarstellungen kennengelernt.  Sie stellen häufig die übersichtlichste Art dar, komplexe Strukturen zu präsentieren.  In der Tat sind für manche Leute die Begriffe „Term" und „Baum" geradezu synonym.  Terme sind in gewissem Sinne jedoch „ordentlicher" aufgebaut als ganz allgemeine Bäume: Bei den Termen ist mit jedem Symbol eine feste Zahl von möglichen Teiltermen verbunden, während bei den Bäumen im allgemeinen an jedem Symbol eine beliebige Zahl von Teilbäumen möglich ist.

Für die maschinelle Behandlung bieten Bäume gegenüber einer textlichen Darstellung als Zeichenkette unübersehbare Vorteile, da es leichter ist, Teilstrukturen zu erkennen und getrennt zu bearbeiten.

**Definition 6.38 (Bäume)** Sei $T$ eine Menge („Typ"); dann ist ein *Baum t über T* eine Menge von sogenannten *Knoten* mit der Eigenschaft

1. entweder ist $t = \emptyset$ die leere Menge oder

2. ein Element $w \in T$, genannt *Wurzel*, zusammen mit einer endlichen Menge voneinander verschiedener Bäume über $T$, die (direkte) *Nachfolger von w* oder (direkte) *Teilbäume von t* heißen.

Ein Baum heißt *geordneter Baum*, wenn die direkten Nachfolger eines Knotens eine bestimmte Reihenfolge haben.  Knoten, die keine Nachfolger haben, heißen *Blätter*.  Knoten, die keine Blätter sind, heißen *innere Knoten*.

Wenn wir von Bäumen sprechen, so meinen wir in aller Regel geordnete Bäume.  Bezüglich der Knoten eines Baumes ist auch die folgende Terminologie üblich: Die Nachfolger eines Knotens heißen auch *Söhne*; dementsprechend heißt der Knoten selbst *Vater*.  Knoten, die Nachfolger desselben anderen Knotens sind, heißen sinngemäß *Brüder*.  Bei geordneten Bäumen ergibt es dann auch einen Sinn, vom *ersten* bzw. *letzten* Sohn zu sprechen oder vom *nächsten* bzw. vorangehenden *Bruder*.

Für Bäume sind verschiedene Notationen üblich; einige davon stellen wir hier vor:

**Beispiel 6.39 (Darstellungen von Bäumen)**

1. Graphen:

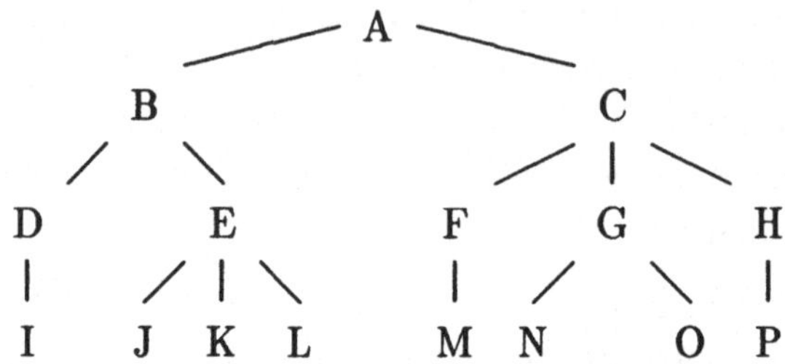

2. Klammerstrukturen: Wir haben bereits auf dem Zusammenhang zwischen Termen und Bäumen hingewiesen. Der oben vorgestellte Beispielbaum läßt sich durch folgenden Term charakterisieren:

$$A(B(D(I), E(J, K, L)), C(F(M), G(N, O), H(P)))$$

Dabei wurde die Wurzel jeweils wie ein Operationssymbol vor die Klammern mit den direkten Nachfolgern geschrieben. Bei Bäumen kann man in diesem Zusammenhang auf die Klammern nicht verzichten! Von der Programmiersprache LISP kommt eine andere Notation für Bäume als Klammerstrukturen; dabei wird jeweils ein Knoten zusammen mit seinen direkten Nachfolgern in Klammern eingeschlossen:

$$(A \ (B \ (D \ I)(E \ J \ K \ L)) \ (C \ (F \ M) \ (G \ N \ O) \ (H \ P)))$$

3. Einrückungsstrukturen:

```
A
  B
      D
          I
      E
          J
          K
          L
```

```
C
   F
      M
   G
      N
      O
   H
      P
```

Man mache sich klar, daß der Informationsgehalt bei allen diesen unterschiedlichen Darstellungen der gleiche ist.

**Definition 6.40** Die Zahl der direkten Nachfolger eines Knotens in einem Baum heißt *Grad* des Knotens. Der maximale Grad der Knoten eines Baums heißt Grad des Baums.

Von besonderer Bedeutung sind die sogenannten Binärbäume:

**Definition 6.41** Ein *Binärbaum* ist ein geordneter Baum vom Grad 2.

**Beispiel 6.42 (Rechenbäume)** Eine verbreitete Anwendung von Binärbäumen ist die Darstellung arithmetischer oder logischer Terme, wie sie in Beispiel 6.21 bereits vorgeführt wurde. Solche Bäume nennt man auch Rechenbäume, weil sich an Ihnen der Rechenprozeß zur Auswertung des Terms sehr gut einsehen läßt: An den Blättern des Rechenbaums beginnt die Rechnung mit den dort vorhandenen Konstanten oder mit den Werten der dort vorhandenen Variablen. Man läuft dann hoch im Baum, wobei die Operationen in den Knoten auf die zuvor ermittelten Werte der unmittelbaren Teilbäume angewendet werden und dann diese Knoten durch Blätter mit den ermittelten Werten ersetzt werden. Man kann dabei auch sehr schön erkennen, welche Rechnungen unabhängig voneinander („parallel") erfolgen können, weil sie im Rechenbaum nicht in einer Vorgänger-Nachfolger–Beziehung stehen.

**Beispiel 6.43 (Entartete Bäume)** Auch die zuvor betrachteten Elemente des Datentyps `Folge(A)` lassen sich als Binärbäume betrachten, indem z.B. die Folge $(a_1, a_2, a_3, a_4, a_5)$ dargestellt wird durch den Baum

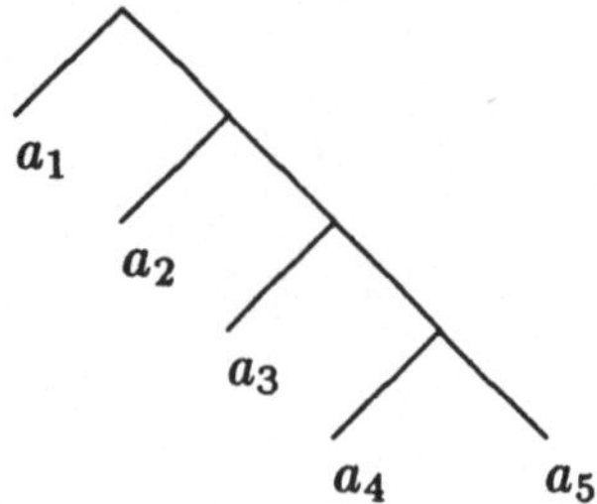

Solch einen entarteten Baum nennt man auch einen *Kamm*, der natürlich
auch in der anderen Richtung verlaufen kann. Noch extremer wird die Ent-
artung, wenn wir die Elemente $a_1, \ldots, a_5$ perlenschnurartig ohne Verzweigungen aufreihen. Die dann entstehende Struktur ist zwar formal ein Baum
vom Grad 1, wird jedoch auch noch als (entarteter) Binärbaum angesehen.

Wir präsentieren jetzt einen abstrakten Datentyp „Binärbaum" mit minimalen Fähigkeiten:

**Definition 6.44 (Binärbäume)** Binäre Bäume über $S$ können durch folgenden abstrakten Datentyp gegeben werden:

```
datatype Tree(S);

sorts Tree, S;

constructors
    emptytree: → Tree;
    maketree: S × Tree × S → Tree;

operations
    left: Tree → Tree;
    right: Tree → Tree;
    elem: Tree → S;
    depth: Tree → IN;
    nodecount: Tree → IN;

equations
    left(maketree(L,s,R))  = L;
    right(maketree(L,s,R)) = R;
    elem(maketree(L,s,R))  = s
```

```
depth(emptytree)        = 0;
depth(maketree(L,s,R))  = 1 + max(depth(L),depth(R))

nodecount(emptytree)        = 0;
nodecount(maketree(L,s,R))  = 1 + nodecount(L)
                                + nodecount(R);
```
**end**

Mit dieser Definition haben wir uns von der Notwendigkeit befreit, Blätter als eigenes Konzept in die Konstruktion der Binärbäume einzubringen: Blätter sind einfach Knoten der Form

$$\texttt{maketree(emptytree, s, emptytree)}.$$

Es ist klar, daß die Komplexität von Algorithmen, die auf Binärbäumen arbeiten, von der Baumtiefe `depth` und der Knotenanzahl `nodecount` als Aufwandsparametern abhängen.

Eine interessante und für die Implementierung der Sprache LISP genutzte Tatsache ist, daß wir jeden beliebigen Baum durch einen Binärbaum repräsentieren können. Im Grunde ist dies auch nicht verwunderlich, da Bäume letzten Endes zweidimensionale Strukturen sind. Eine Möglichkeit der Darstellung eines beliebigen Baums durch einen Binärbaum besteht darin, im linken Teilbaum eines jeden Knotens den ersten (am weitesten links stehenden) Sohn zu vermerken und im rechten Teilbaum den jeweils nächsten Bruder. Der Beispielbaum aus 6.39 sieht nach dieser Umformung so aus:

**Beispiel 6.45** Im folgenden Graphen ist, um eine möglichst große Ähnlichkeit zu Beispiel 6.39 zu erzielen, der linke Teilbaum jeweils durch eine schräge und der rechte Teilbaum durch eine gerade Linie vermerkt:

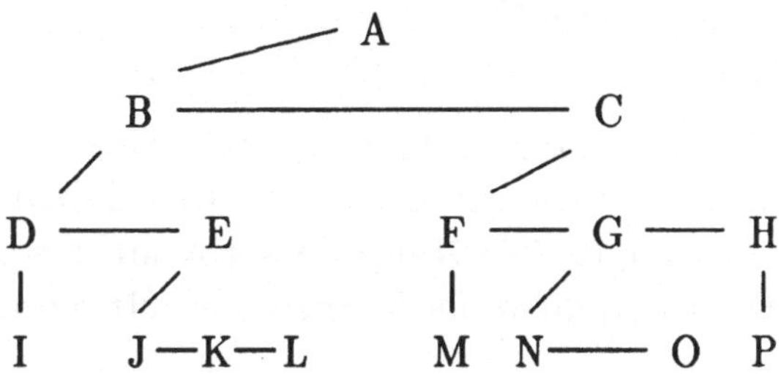

Die Ökonomie der Datendarstellung (nur zweistellige Knoten) muß allerdings durch eine vergrößerte Komplexität von Algorithmen erkauft werden, die auf Bäumen operieren. Im ursprünglichen Baum ist der Zugriff von jedem Knoten aus zu jedem Sohn direkt möglich; in dem transformierten Binärbaum muß man, um zum $i$-ten Sohn zu gelangen, zunächst zum linken Teilbaum übergehen und dann $i - 1$ mal zum rechten Teilbaum. So kommen wir etwa in dem Baum aus 6.39 von der Wurzel $A$ zum Blatt $O$ in drei Schritten $(C, G, O)$, während wir in dem oben aufgeführten Binärbaum 6 Schritte brauchen $(B, C, F, G, N, O)$.

In PASCAL haben wir natürlich viele Möglichkeiten der Darstellung von Binärbäumen. Zwei davon stellen wir im folgenden vor:

**Beispiel 6.46 (Bäume als Tabellen)** Die hier vorgestellte Implementierung von Binärbäumen durch Tabellen ist die beste Darstellung, wenn alle Bäume, die gespeichert werden sollen, zusammen eine maximale Anzahl von Knoten nicht überschreiten:

```
const MaxNbr = (*  = maximale Anzahl von Knoten *);
type
     A = (* muß angegeben werden! *);
     TreeOfA = 0..MaxNbr;
     TreePool = array [1..MaxNbr] of
                record
                     elem: A;
                     left: TreeOfA;
                     right: TreeOfA
                end;
```

Hierbei dient ein Feld `TreePool` zur Aufnahme der Tabellen für die Bäume. Ein einzelner Baum ist einfach ein Index in diese Tabellen, der auf den Eintrag für die Wurzel zeigt. Die Null, die sonst nicht als Index innerhalb des Baums auftreten kann, dient als Kennzeichen für `emptytree`.

Der Baum

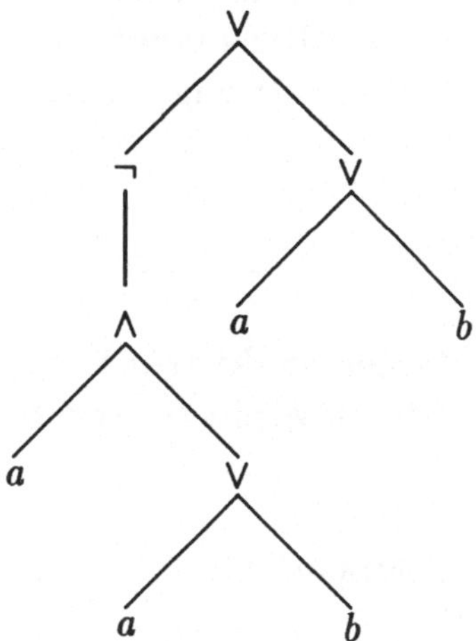

läßt sich dann durch den Index 1 in folgender Tabelle darstellen:

| $i$ | elem | left | right |
|---|---|---|---|
| 1 | $\vee$ | 2 | 3 |
| 2 | $\neg$ | 4 | 0 |
| 3 | $\vee$ | 5 | 6 |
| 4 | $\wedge$ | 7 | 8 |
| 5 | $a$ | 0 | 0 |
| 6 | $b$ | 0 | 0 |
| 7 | $a$ | 0 | 0 |
| 8 | $\vee$ | 9 | 10 |
| 9 | $a$ | 0 | 0 |
| 10 | $b$ | 0 | 0 |

Offensichtlich wird dieselbe Information auch durch eine kürzere Tabelle dargestellt, bei der wir jeden Knoten bzw. jeden identischen Teilbaum nur einmal aufführen:

| $i$ | elem | left | right |
|---|---|---|---|
| 1 | $\vee$ | 2 | 3 |
| 2 | $\neg$ | 4 | 0 |
| 3 | $\vee$ | 5 | 6 |
| 4 | $\wedge$ | 5 | 3 |
| 5 | $a$ | 0 | 0 |
| 6 | $b$ | 0 | 0 |

Eine solche Struktur nennt man einen *kollabierten Baum.* Wenn Speicherplatz knapp ist, lohnt sich unter Umständen der (durchaus erhebliche) Aufwand, alle Möglichkeiten zur Kollabierung von Teilbäumen zu entdecken und auszunutzen.

Eine andere Möglichkeit ist die Verwendung von Zeigerstrukturen:

**Beispiel 6.47 (Bäume als Zeigerstrukturen)** Bei der Darstellung von Binärbäumen durch Zeigerstrukturen wird **emptytree** durch **nil** dargestellt:

```
type
    A = (* muß angegeben werden! *);
    TreeOfA = ↑NodeOfA;
    NodeOfA = record
                elem:  A;
                left:  TreeOfA;
                right: TreeOfA
             end
```

Selbstverständlich sind auch bei dieser Darstellung kollabierte Bäume möglich.

Binärbäume werden häufig für Sortier- und Suchaufgaben eingesetzt. Wir erweitern daher die Datentyp-Definition wie folgt:

**Definition 6.48 (Suchbäume)** Ist $S$ eine geordnete Menge, so ist ein *Suchbaum* über $S$ ein Binärbaum, so daß in jedem Knoten die Elemente im linken Teilbaum kleiner und die im rechten Teilbaum größer als das Knotenelement sind. In der folgenden Datentypdefinition garantiert eine Operation **insert** das Einfügen eines Elements in den richtigen Teilbaum.

```
datatype Searchtree(S);

uses Tree(S);

assumes <,>: S x S → Boolean;

operations
    search: S x Tree → Boolean;
```

```
    insert: S x Tree → Tree;
```

**equations**

```
    search(s,emptytree)       = False;
    search(s,maketree(L,t,R)) = if s=t then True
                                elsif s<t then search(s,L)
                                else search(s,R);

    insert(s,emptytree) = maketree(emptytree,s,emptytree);
    insert(s,maketree(L,t,R)) =
            if s=t then maketree(L,s,R)
            elsif s<t then maketree(insert(s,L),t,R)
            else maketree(L,t,insert(s,R))
```

Die Operation **search** ist offensichtlich der binären Suche nachgebildet,
die in der Tat eigentlich eine Suche in Binärbäumen ist. **insert** stellt aus
einer unsortierten Eingabefolge einen Suchbaum her. Offensichtlich ist die
Anzahl der rekursiven Aufrufe von **search** durch die Tiefe des Suchbaums
beschränkt. Diese kann jedoch stark schwanken, je nachdem, wie der Suchbaum entstanden ist:

**Beispiel 6.49** Wir betrachten Suchbäume über Buchstaben, wobei die Relationen $<, >$ durch die alphabetische Reihenfolge gegeben sind. Die Ope-
rationsfolge

```
    b := emptytree;
    b := insert(M,b);
    b := insert(B,b);
    b := insert(O,b);
    b := insert(A,b);
    b := insert(N,b);
    b := insert(R,b)
```

erzeugt den Suchbaum

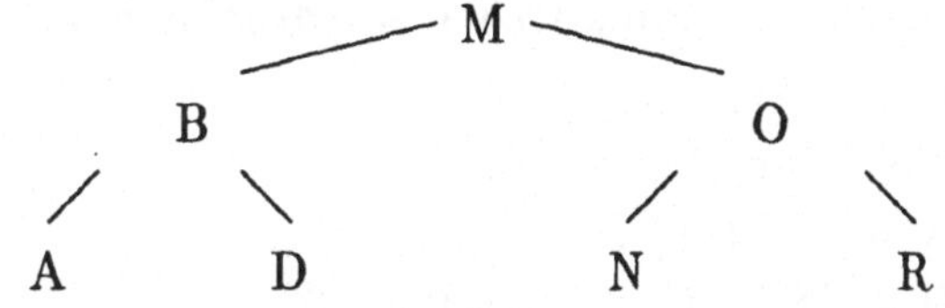

während ein Einfügen derselben Elemente in alphabetischer Reihenfolge einen entarteten Baum erzeugt, bei dem alle linken Teilbäume leer sind. In einem solchen Baum verkommt die binäre Suche zu einer sequentiellen Suche.

Die Komplexität von **search** kann daher im ungünstigsten Fall $O(n)$ sein, wobei $n$ die Anzahl der Knoten ist. Im günstigsten Fall ist die Komplexität $O(\log_2(n))$, denn ein Baum der Tiefe $n$ hat $2^n - 1$ Knoten. Um eine minimale Suchzeit zu garantieren, muß der Baum allerdings *vollständig ausgeglichen* sein, das heißt, die Elemente müssen möglichst gleichmäßig auf linke und rechte Teilbäume verteilt sein. Eine einfache Datenstruktur wie die hier vorgestellte und die einfache **insert**-Operation sind dazu nicht ausreichend. Dies soll hier jedoch nicht betrachtet werden. Hier ging es nur darum, einige Grundlagen der Spezifikation und Verwendung von abstrakten Datentypen vorzustellen.

## 6.7   Aufgaben

**Aufgabe 6.1** Beweisen Sie unter Benutzung der Definitionen von '+' und '·' durch 'add' (6.7) und 'mult', daß die folgenden Gleichungen gelten

$$(a + b) + c \;=\; a + (b + c) \tag{6.10}$$

$$a + b \;=\; b + a \tag{6.11}$$

$$a \cdot (b + c) \;=\; (a \cdot b) + (a \cdot c) \tag{6.12}$$

$$a + c = b + c \;\Rightarrow\; a = b \tag{6.13}$$

**Aufgabe 6.2** Formulieren Sie das Induktionsaxiom für Wörter ausführlich wie in 6.3! Dieses Induktionsprinzip heißt *Wortinduktion*.

**Aufgabe 6.3** Beweisen Sie durch Wortinduktion:

$$\mathrm{cat}(v, w) \;=\; \mathrm{cat}(z, w) \Rightarrow v = z \tag{6.14}$$

$$\mathrm{cat}(v, w) \;=\; \mathrm{cat}(v, z) \Rightarrow w = z \tag{6.15}$$

**Aufgabe 6.4** Eine Menge einfacher arithmetischer Ausdrücke in Infix-Notation sei in EBNF wie folgt gegeben:

```
Expression  =  Term {"+" Term} .
Term        =  Factor {"*" Factor} .
Factor      =  "0"|"1"|...|"9"| "(" Expression ")" .
```

Schreiben Sie ein PASCAL-Programm, welches solche Terme einliest und in umgekehrter polnischer Notation (UPN) ausgibt.

**Aufgabe 6.5** Für das Operationsalphabet der aussagenlogischen Ausdrücke, $(\Sigma; \sigma) = \{\wedge, \vee, \neg, W, F\}$ mit $\sigma(\wedge) = \sigma(\vee) = 2, \sigma(\neg) = 1$ und $\sigma(W) = \sigma(F) = 0$ geben Sie eine Alternative zur Definition 5.19 der Terme an, so daß die übliche Infix-Notation entsteht.

**Aufgabe 6.6** Schreiben Sie ein Pascal-Programm, welches einen in polnischer Notation gegebenen arithmetischen Term in die Infixnotation mit Klammern überführt. Nehmen Sie dabei an, daß die Eingabe außer den Operatoren $+, -, *$ und $/$ nur einstellige Zahlen und die Variablen $i, j, k, l, m, n$ enthält, also z.B. $+5 * i7$. Lesen Sie eine solche Zeichenkette in eine Variable `Term: ARRAY [1..100] OF Char` ein und schreiben Sie eine rekursive Prozedur `WriteTerm`, die den Term in der üblichen Infixnotation mit allen notwendigen Klammern ausgibt.

**Aufgabe 6.7** Welche Möglichkeiten für „Syntaxfehler" gibt es bei den Eingabetermen aus Aufgabe 2? Wie kann man diese algorithmisch feststellen?

**Aufgabe 6.8** Formulieren Sie den Algorithmus „Mische($A, B$)" aus 6.36 in einem PASCAL-ähnlichen Pseudocode *ohne* Benutzung der Rekursion mit Hilfe von **while**-Anweisungen.

**Aufgabe 6.9** Leiten Sie unter Benutzung der Verifikationsregeln die Korrektheit des Algorithmus aus der vorangehenden Aufgabe her.

# Anhang A

# Mathematische Grundlagen

Ein gewisses mathematisches Rüstzeug muß für die Informatik vorausgesetzt werden. Dieser Anhang gibt kaum Erklärungen, sondern ist mehr als Festlegung der in diesem Buch verwendeten Begriffe und Notationen aus der Mathematik zu verstehen.

## A.1  Mengen, Relationen, Abbildungen

Wir setzen voraus, daß die Grundbegriffe der Mengenlehre bekannt sind. Eine ausführliche Behandlung der Mengenlehre auf naiver, also nicht axiomatischer Basis findet sich in [Ha69].

> „Unter einer Menge verstehen wir eine Zusammenfassung von bestimmten wohlunterschiedenen Objekten unserer Anschauung oder unseres Denkens zu einem Ganzen". (G. CANTOR)

Die Objekte einer Menge $M$ heißen *Elemente* von $M$. Wir schreiben $x \in M$, wenn $x$ ein Element von $M$ ist, $x \notin M$, wenn $x$ kein Element von $M$ ist.

Häufig haben wir es mit Mengen von *Zahlen* zu tun. Für die wichtigsten Zahlenmengen legen wir bestimmte Bezeichnungen fest. So bezeichnet $\mathbb{N}$ stets die Menge der *natürlichen Zahlen* $(1,2,3\dots)$; allerdings werden wir im Gegensatz zur mathematischen Tradition auch $0 \in \mathbb{N}$ annehmen. $\mathbb{Z}$ bezeichnet die Menge der *ganzen Zahlen* und $\mathbb{R}$ die Menge der *reellen Zahlen*.

Endliche Mengen, also Mengen mit endlich vielen Elementen schreiben wir manchmal als Aufreihung ihrer Elemente auf:

$$M = \{11, 13, 17, 19\}.$$

Häufig werden Mengen jedoch auch durch eine bestimmte Eigenschaft definiert, die man von ihren Elementen fordert:

$$M = \{x \mid x \text{ ist Primzahl}, 10 \leq x \leq 20\}.$$

Die *leere Menge* ist die Menge, die keine Elemente besitzt und wird durch $\emptyset$ bezeichnet.

Wir sagen $A \subseteq B$ *(A ist Teilmenge von B)*, wenn jedes Element von $A$ auch Element von $B$ ist. In Zeichen:

$$A \subseteq B \quad \overset{\text{def}}{\Longleftrightarrow} \quad \forall a \ (a \in A \Rightarrow a \in B).^{1}$$

Zwei Mengen sind gleich, wenn sie die gleichen Elemente besitzen (sog. *Extensionalitätsprinzip*); dies können wir mit Hilfe der Teilmengenbeziehung auch so ausdrücken:

$$A = B \quad \overset{\text{def}}{\Longleftrightarrow} \quad A \subseteq B \text{ und } B \subseteq A.$$

Hieraus ergibt sich für die oben erwähnte Darstellung endlicher Mengen z.B.

$$\{11, 13, 17, 19\} = \{17, 13, 19, 11\},$$

d.h. die *Reihenfolge* der Elemente ist unerheblich (bzw. es gibt gar keine ausgezeichnete Reihenfolge) und

$$\{11, 13, 17, 19\} = \{11, 13, 11, 17, 17, 11, 13, 19\},$$

d.h. es spielt keine Rolle, wie oft wir ein bestimmtes Element erwähnen; es ist trotzdem nur einmal in der Menge enthalten.

Wir sagen $A \not\subseteq B$, wenn $A \subseteq B$ nicht gilt, $A \neq B$, wenn $A = B$ nicht gilt. $A$ heißt *echte Teilmenge* von $B$, wenn $A \subseteq B$, aber $A \neq B$. Wir schreiben dann $A \subset B$. Wir schreiben $B \supseteq A$, wenn $A \subseteq B$ gilt, ebenso für $B \supset A$.

Die *Vereinigung* $A \cup B$ zweier Mengen $A$ und $B$ ist definiert durch

$$A \cup B \quad \overset{\text{def}}{=} \quad \{a \mid a \in A \text{ oder } a \in B\}.$$

Dabei ist das „oder" kein ausschließliches „oder" („entweder–oder"); es darf durchaus auch $a \in A$ *und* $a \in B$ sein.

---

[1]Die logischen Zeichen werden in Abschnitt A.2 behandelt.

Der *Durchschnitt* $A \cap B$ zweier Mengen $A$ und $B$ ist definiert durch

$$A \cap B \ \overset{\text{def}}{=} \ \{a \mid a \in A \text{ und } a \in B\}.$$

Die *Differenz* $A \setminus B$ zweier Mengen $A$ und $B$ ist definiert durch

$$A \setminus B \ \overset{\text{def}}{=} \ \{a \mid a \in A, \ a \notin B\}.$$

Die mengentheoretische Differenz hat durch diese Definition etwas andere Eigenschaften als die arithmetische Differenz. Es gilt z.B.

$$\{11, 13, 17, 19\} \setminus \{11, 31, 41\} = \{13, 17, 19\};$$

die Tatsache, daß 31 und 41 in der ersten Menge gar nicht vorkommen, spielt keine Rolle.

**Definition A.1** Das *cartesische Produkt* $A \times B$ zweier Mengen $A$ und $B$ ist definiert durch

$$A \times B \ \overset{\text{def}}{=} \ \{(a,b) \mid a \in A, \ b \in B\}.$$

Für $n \geq 2$ Mengen $A_1, \ldots, A_n$ definieren wir:

$$A_1 \times \cdots \times A_n \ \overset{\text{def}}{=} \ \{(a_1, \ldots, a_n) \mid a_i \in A_i\}.$$

Für eine Menge $A$ und eine natürliche Zahl $n \geq 2$ definieren wir

$$A^n \ \overset{\text{def}}{=} \ A \times \overset{n}{\cdots} \times A.$$

Damit wir die Fälle $n = 0$ und $n = 1$ nicht immer ausschließen müssen, definieren wir außerdem

$$\begin{aligned} A^1 \ &\overset{\text{def}}{=} \ A \\ A^0 \ &\overset{\text{def}}{=} \ \{()\} . \end{aligned}$$

$A^0$ ist also eine einelementige Menge, deren einziges Element wir in Übereinstimmung mit der Tupelschreibweise $(a_1, \ldots, a_n)$ mit () bezeichnen.

Für eine Menge $A$ bezeichnen wir die Anzahl ihrer Elemente („Mächtigkeit") mit $|A|$. Für unendliche Mengen vereinbaren wir $|A| = \infty$.

Für eine Menge $A$ heißt

$$\mathcal{P}(A) \overset{\text{def}}{=} \{T \mid T \subseteq A\}$$

die *Potenzmenge* von $A$. Für endliche Mengen gilt $|\mathcal{P}(A)| = 2^{|A|}$.

Nach diesen Vorbereitungen kommen wir nun zum eigentlichen Thema dieses Abschnitts:

**Definition A.2** Eine *(binäre) Relation* ist eine Teilmenge $\rho \subseteq A \times B$. $\rho$ heißt

- *rechtseindeutig* $\overset{\text{def}}{\Longleftrightarrow}$ für alle $a \in A$ gibt es höchstens ein $b \in B$ mit $(a, b) \in \rho$,

- *linkseindeutig* $\overset{\text{def}}{\Longleftrightarrow}$ für alle $b \in B$ gibt es höchstens ein $a \in A$ mit $(a, b) \in \rho$.

Für eine Relation $\rho$ heißt

$$\rho^{-1} \overset{\text{def}}{=} \{(b, a) \mid (a, b) \in \rho\}$$

die *Umkehrrelation* von $\rho$. Statt $(a, b) \in \rho$ schreiben wir auch $a\rho b$.

In der Praxis werden Relationen häufig durch *Tabellen* oder *Pfeildiagramme* dargestellt.

**Definition A.3** Eine *Abbildung* ist ein Tripel $f = (A, \rho_f, B)$, wobei $A$ und $B$ Mengen sind und $\rho_f \subseteq A \times B$ eine rechtseindeutige Relation. $A$ heißt *Vorbereich* von $f$, $B$ heißt *Nachbereich* und $\rho_f$ der *Graph* von $f$. Statt $f = (A, \rho_f, B)$ schreiben wir auch $f : A \to B$ oder $A \overset{f}{\longrightarrow} B$. Statt $(a, b) \in \rho_f$ schreiben wir normalerweise $f(a) = b$. Die Teilmenge

$$\text{Def}(f) \overset{\text{def}}{=} \{a \in A \mid \text{es gibt } b \in B \text{ mit } f(a) = b\}$$

von $A$ heißt *Definitionsbereich* von $f$, die Teilmenge

$$\text{Im}(f) \overset{\text{def}}{=} \{b \in B \mid \text{es gibt } a \in A \text{ mit } f(a) = b\}$$

von $B$ heißt *Bildbereich* von $f$.

**Definition A.4** Zwei Abbildungen $f = (A, \rho_f, B)$ und $g = (C, \rho_g, D)$ heißen *gleich* $\overset{\text{def}}{\Longleftrightarrow}$ $A = C$, $B = D$ und $\rho_f = \rho_g$.

Beachte, daß die Gleichheit der Graphen auch die Gleichheit von Definitions- und Bildbereich mit sich bringt.

**Definition A.5** Für eine Menge $A$ ist die *Identitätsabbildung* definiert durch $\text{id}_A \overset{\text{def}}{=} (A, \rho_{\text{id}_A}, A)$ mit $\rho_{\text{id}_A} \overset{\text{def}}{=} \{(a, a) \mid a \in A\}$.

**Definition A.6** Eine Abbildung $A \overset{f}{\longrightarrow} B$ heißt

- *total* $\overset{\text{def}}{\Longleftrightarrow} \text{Def}(f) = A$,

- *partiell* $\overset{\text{def}}{\Longleftrightarrow} f$ ist nicht total,

- *surjektiv* $\overset{\text{def}}{\Longleftrightarrow} \text{Im}(f) = B$,

- *injektiv* $\overset{\text{def}}{\Longleftrightarrow}$ aus $f(a_1) = f(a_2)$ folgt $a_1 = a_2$ für beliebige $a_1, a_2 \in A$,

- *bijektiv* $\overset{\text{def}}{\Longleftrightarrow} A \overset{f}{\longrightarrow} B$ ist injektiv und surjektiv.

Ist $A \overset{f}{\longrightarrow} B$ bijektiv, so heißen $A$ und $B$ *isomorph*, in Zeichen $A \cong B$.

Vielfach verwendet man auch die Bezeichnung „Funktion" für eine totale Abbildung. Für partielle Abbildungen verwenden wir in der Regel die Schreibweise $f : A \rightsquigarrow B$, um so nicht eigens auf die Partialität hinweisen zu müssen. Wenn wir $f : A \rightarrow B$ schreiben, so heißt dies, daß $f$ total ist.

**Definition A.7** Für zwei Abbildungen $A \overset{f}{\longrightarrow} B$ und $B \overset{g}{\longrightarrow} C$ definiert man die *Komposition* $g \circ f$ durch

$$g \circ f \overset{\text{def}}{=} (A, \rho_{g \circ f}, C)$$

mit

$$\rho_{g \circ f} \overset{\text{def}}{=} \{(a, c) \mid \text{es gibt } b \in B \text{ mit } (a, b) \in \rho_f \text{ und } (b, c) \in \rho_g\}.$$

**Lemma A.8** *Die Komposition von Abbildungen ist* assoziativ, *das heißt für* $A \overset{f}{\longrightarrow} B$, $B \overset{g}{\longrightarrow} C$ *und* $C \overset{h}{\longrightarrow} D$ *gilt*

$$(h \circ g) \circ f = h \circ (g \circ f).$$

Man läßt deshalb oft die Klammern ganz weg und schreibt $h \circ g \circ f$. Eine ähnliche Aussage gilt für partielle Abbildungen, wobei allerdings auf die Definitionsbereiche zu achten ist.

**Lemma A.9** *Für eine bijektive Abbildung* $A \xrightarrow{f} B$ *mit* $f = (A, \rho_f, B)$ *existiert eine* Umkehrabbildung $B \xrightarrow{f^{-1}} A$ *mit* $f^{-1} \overset{\text{def}}{=} (B, \rho_{f^{-1}}, A)$, *wobei* $\rho_{f^{-1}} \overset{\text{def}}{=} \rho_f^{-1}$. *Es gilt* $f^{-1} \circ f = id_A$ *und* $f \circ f^{-1} = id_B$.

**Definition A.10** Für zwei Mengen $A, B$ bezeichnet man die Menge der partiellen Abbildungen $A \xrightarrow{f} B$ mit $[A \to B]$, die Menge der totalen Abbildungen von $A$ nach $B$ mit $B^A$.

Kommen wir nun noch einmal zurück zu den Potenzmengen. Es ist üblich, Teilmengen $T \subseteq \mathcal{P}(A)$ durch sog. *charakteristische Funktionen* darzustellen:

**Definition A.11** Sei $A$ eine Menge, $T \in \mathcal{P}(A)$. Die *charakteristische Funktion von* $T$ ist definiert durch

$$\chi_T : \; A \longrightarrow \{0, 1\}$$

$$\chi_T(x) \overset{\text{def}}{=} \begin{cases} 1 & \text{falls } x \in T \\ 0 & \text{falls } x \notin T \end{cases}$$

Ist umgekehrt $f : A \to \{0, 1\}$ eine (totale) Abbildung, so kann man hieraus eine Menge $T_f \in \mathcal{P}(A)$ ableiten durch

$$T_f \overset{\text{def}}{=} \{x \in A \mid f(x) = 1\}.$$

Die Zuordnung $T \longrightarrow \chi_T$ ist bijektiv.

**Definition A.12** Für $T \in \mathcal{P}(A)$ ist das *Komplement* (von $T$ in $A$) definiert durch

$$\overline{T} \overset{\text{def}}{=} A \setminus T \,.$$

**Lemma A.13** *Für* $A, B \in \mathcal{P}(M)$ *gelten die (sog. de Morgan'schen) Gesetze:*

$$\overline{A \cup B} = \overline{A} \cap \overline{B}$$

$$\overline{A \cap B} = \overline{A} \cup \overline{B}$$

# A.2  Logik

Wie in dem vorangehenden Abschnitt wollen wir auch hier nicht übertrieben
formal vorgehen, sondern eher intuitiv.

## A.2.1  Aussagenlogik

Eine *Aussage* ist ein Satz, dem man prinzipiell einen *Wahrheitswert* zuordnen kann. Unerheblich ist dabei, ob man diesen Wahrheitswert auch ermitteln kann. Wir verwenden eine *zweiwertige Logik* mit den Wahrheitswerten
W (wahr) und F (falsch).[2]

Beispiele für Aussagen und ihre Wahrheitswerte:

1. 6 ist eine Primzahl (F).

2. 1024 ist eine Zweierpotenz (W).

3. Es gab früher Leben auf der Venus (unbekannt, aber jedenfalls W oder
   F).

Keine Aussage in diesem Sinne ist der Satz: „Der Wahrheitswert dieses
Satzes ist F", denn es ist offensichtlich unmöglich, diesem Satz einen Wahrheitswert W oder F zuzuordnen.

Aus *primitiven (elementaren) Aussagen* werden mit Hilfe sog. aussagen-
logischer *Junktoren* zusammengesetzte Aussagen aufgebaut; die wichtigsten
Junktoren sind:

„und" ($\wedge$): $a \wedge b$ hat den Wahrheitswert W genau dann, wenn $a$ und $b$ beide
  den Wert W haben.

„oder" ($\vee$): $a \vee b$ hat den Wahrheitswert W genau dann, wenn von $a$ und
  $b$ mindestens eins den Wert W hat.

„nicht" ($\neg$): $\neg a$ hat den Wahrheitswert W genau dann, wenn $a$ den Wert
  F hat.

---

[2]Für den Wahrheitswert W sind in der Informatik auch die Bezeichnungen <u>true</u>, 1 oder
H (= high) gebräuchlich, für F auch <u>false</u>, 0 oder L (= low).

In der Aussagenlogik gilt demnach das Prinzip, daß man den Wahrheitswert einer zusammengesetzten Aussage allein aus den Wahrheitswerten der Bestandteile bestimmen kann (Extensionalitätsprinzip). Wir haben dieses Prinzip schon bei den Mengen kennengelernt: Zwei Mengen sind gleich, wenn alle ihre Elemente gleich sind. Das Extensionalitätsprinzip ist auch sonst in der Informatik von großer Wichtigkeit; so wird z.B. die Bedeutung eines *Programms* einer strukturierten Programmiersprache allein durch die Bedeutung seiner Bestandteile erklärt.

Statt $\neg a$ wird gelegentlich auch $\overline{a}$ geschrieben, was besonders in Formeln wie $\neg(a \vee b) = \overline{a \vee b}$ die Lesbarkeit verbessert.

Meistens werden logische Junktoren durch sogenannte *Wahrheitstafeln* definiert:

| $\wedge$ | W | F |
|---|---|---|
| W | W | F |
| F | F | F |

| $\vee$ | W | F |
|---|---|---|
| W | W | W |
| F | W | F |

| $\neg$ | |
|---|---|
| W | F |
| F | W |

Andere Junktoren, die ebenfalls häufig verwendet werden, sind:

„impliziert" ($\Rightarrow$):

| $\Rightarrow$ | W | F |
|---|---|---|
| W | W | F |
| F | W | W |

$a \Rightarrow b$ liest man auch als „wenn $a$, dann $b$" oder „aus $a$ folgt $b$". Beachte, daß F $\Rightarrow$ W ebenso wie F $\Rightarrow$ F beide den Wahrheitswert W besitzen! (Aus einer falschen Voraussetzung kann man jede Folgerung ziehen.)

„äquivalent" ($\Leftrightarrow$):

| $\Leftrightarrow$ | W | F |
|---|---|---|
| W | W | F |
| F | F | W |

Häufig sieht man die Wahrheitstafeln auch in einer etwas ausführlicheren Form, wie im folgenden gezeigt. Dabei haben wir die Wahrheitstafeln für alle vorgestellten Junktoren in einer Tabelle zusammengefaßt:

| $a$ | $b$ | $a \wedge b$ | $a \vee b$ | $\neg a$ | $a \Rightarrow b$ | $\Leftrightarrow b$ |
|---|---|---|---|---|---|---|
| W | W | W | W | F | W | W |
| W | F | F | W | F | F | F |
| F | W | F | W | W | W | F |
| F | F | F | F | W | W | W |

Zur Einsparung von Klammern vereinbaren wir, daß $\neg$ am stärksten bindet, gefolgt von $\wedge$, dann $\vee$, dann $\Rightarrow$ und zum Schluß $\Leftrightarrow$.

Eine zusammengesetzte Aussage heißt *allgemeingültig* oder eine *Tautologie*, wenn sie stets den Wahrheitswert W besitzt, unabhängig vom Wahrheitswert ihrer elementaren Aussagen. Beispiele für Tautologien sind etwa $a \vee \overline{a}$ („Satz vom ausgeschlossenen Dritten") und $\overline{a \wedge \overline{a}}$ („Satz vom Widerspruch"). Zwei Aussagen $a$ und $b$ heißen *äquivalent*, wenn $a \Leftrightarrow b$ eine Tautologie ist.

Man kann zeigen, daß man nur die Junktoren $\wedge, \vee, \neg$ braucht, um jede aussagenlogische Aussage formulieren zu können. So ist etwa die Aussage $a \Rightarrow b$ äquivalent zu $\neg a \vee b$, wie man leicht anhand der Wahrheitstafeln verifiziert. In Wirklichkeit kommt man sogar mit nur je einem von zwei Junktoren aus, die man „nor" und „nand" nennt und die definiert sind durch:

$$a \text{ nor } b \overset{\text{def}}{\Longleftrightarrow} \neg(a \vee b)$$

$$a \text{ nand } b \overset{\text{def}}{\Longleftrightarrow} \neg(a \wedge b) \, .$$

Im Prinzip könnte man jede aussagenlogische Aussage durch Wahrheitstafeln auf ihre Allgemeingültigkeit hin überprüfen. Auch die Äquivalenz von Ausdrücken kann man durch Wahrheitstafeln überprüfen. In der Regel ist es jedoch zweckmäßiger, mit diesen Ausdrücken formal zu rechnen. Die folgenden Tautologien stellen *Rechenregeln* für die Aussagenlogik dar:

**Lemma A.14** *Für Aussagen $a, b, c$ gilt:*

$$a \wedge a \Leftrightarrow a \qquad\qquad\qquad a \vee a \Leftrightarrow a$$
$$(a \wedge b) \wedge c \Leftrightarrow a \wedge (b \wedge c) \qquad (a \vee b) \vee c \Leftrightarrow a \vee (b \vee c)$$
$$a \wedge b \Leftrightarrow b \wedge a \qquad\qquad a \vee b \Leftrightarrow b \vee a$$
$$a \wedge (a \vee b) \Leftrightarrow a \qquad\qquad a \vee (a \wedge b) \Leftrightarrow a$$
$$a \wedge (b \vee c) \Leftrightarrow (a \wedge b) \vee (a \wedge c) \qquad a \vee (b \wedge c) \Leftrightarrow (a \vee b) \wedge (a \vee c)$$
$$\overline{a \wedge b} \Leftrightarrow \overline{a} \vee \overline{b} \qquad\qquad \overline{a \vee b} \Leftrightarrow \overline{a} \wedge \overline{b}$$
$$\overline{\overline{a}} \Leftrightarrow a$$

Diese Gesetze heißen (in der angegebenen Reihenfolge) *Idempotenzgesetz*, *Assoziativgesetz*, *Kommutativgesetz*, *Absorptivgesetz* und *Distributivgesetz*. Das *deMorgan'sche Gesetz* kennen wir bereits aus der Mengenlehre.[3]

## A.2.2  Prädikatenlogik

Häufig macht man in der Mathematik Aussagen der Gestalt, daß es mindestens ein Objekt (Individuum) mit einer bestimmten Eigenschaft *("Prädikat")* gibt oder daß ein bestimmtes Prädikat für alle Objekte aus einem bestimmten Bereich gilt. Dazu werden sogenannte *Quantoren* eingeführt, und zwar der *Allquantor* (Universalquantor) $\forall$ und der *Existenzquantor* $\exists$. Im folgenden bezeichnen wir Prädikate mit Großbuchstaben und Individuen mit Kleinbuchstaben. Die *Stelligkeit* eines Prädikats ist die Anzahl der Individuen, über die hier eine Aussage gemacht wird.

Ist $Q$ ein $n$–stelliges Prädikat und sind $x_1, \ldots, x_n$ Individuen eines Individuenbereichs, so ist die Behauptung, daß $Q$ auf $x_1, \ldots, x_n$ zutrifft (abgekürzt $Qx_1 \ldots x_n$) eine prädikatenlogische Aussage. Wir verwenden auch aussagenlogische Aussagen und andere mathematische Ausdrücke wie $x \in M$ oder $n < m$ zur Formulierung prädikatenlogischer Aussagen. Statt der Individuen selbst kommen in den Quantorenausdrücken *Individuenvariablen* vor; diese sind Platzhalter für die Individuen selbst. Die prädikatenlogische Aussage

$$(\forall x)Qx$$

bedeutet dann: Für alle Individuen $a$ gilt die Aussage (das Prädikat) $Q$, wobei für die Variable $x$ das Individuum $a$ eingesetzt wird. Dementsprechend heißt

$$(\exists x)Qx \ :$$

Es gibt mindestens ein Individuum $a$, so daß die Aussage $Qa$ wahr ist. Die Variable $x$ heißt in beiden Fällen eine *gebundene Variable* des Prädikatsausdrucks.

Eine wichtige Eigenschaft der Quantoren enthält der folgende Satz:

**Satz A.15** *Ist $Q$ ein einstelliges Prädikat, so ist die Aussage $\neg(\forall x)Qx$ genau dann wahr, wenn $(\exists x)\neg Qx$ wahr ist.*

---

[3]Ersetzt man $\wedge$ durch $\cap$, $\vee$ durch $\cup$ und $\Leftrightarrow$ durch $=$, so gelten alle diese Gesetze auch in der Mengenlehre.

Im Prinzip ist es daher möglich, mit nur einem der beiden Quantoren auszukommen. Im Interesse der Verständlichkeit von Aussagen behält man jedoch beide Quantoren bei.

Häufig machen wir Einschränkungen an den Individuenbereich, indem wir z.B. schreiben

$$(\forall x \in M)(\exists y \in N)\ Pxy\ .$$

Dies kann man als Abkürzung für die kompliziertere Aussage

$$(\forall x)(x \in M \ \Rightarrow\ (\exists y)(y \in N \wedge Pxy))$$

verstehen.

## A.3   Halbordnungen

**Definition A.16** Sei $M$ eine Menge.  Eine Relation $\rho \subseteq M \times M$ heißt *Halbordnung* auf $M \overset{\text{def}}{\Longleftrightarrow} \rho$ ist

1. *reflexiv*, d.h. $(\forall x \in M)\ x\rho x$,

2. *transitiv*, d.h. $(\forall x, y, z \in M)\ (x\rho y \wedge y\rho z) \Rightarrow x\rho z$ und

3. *antisymmetrisch*, d.h. $(\forall x, y \in M)\ (x\rho y \wedge y\rho x) \Rightarrow x = y$.

Ein Beispiel für eine Halbordnung ist etwa die Relation „$\subseteq$" zwischen Mengen.  Unter einer *halbgeordneten Menge* $(M; \rho)$ wollen wir eine Menge $M$ mit einer Halbordnung $\rho$ verstehen. Normalerweise gibt es in einer halbgeordneten Menge *unvergleichbare Elemente*, d.h. Elemente $x, y \in M$, für die weder $x\rho y$ noch $y\rho x$ gilt. In der halbgeordneten Menge $(M; \subseteq)$ mit

$$M = \{\{1,2\}, \{2,3\}, \{1,2,3\}\}$$

sind z.B. die Elemente $\{1,2\}$ und $\{2,3\}$ unvergleichbar.  Daher definieren wir

**Definition A.17** Eine *totale Ordnung* auf einer Menge $M$ ist eine Halbordnung $\rho$, bei der zusätzlich gilt

$$(\forall x, y \in M)\ x\rho y \vee y\rho x\ .$$

**Definition A.18** Sei $(M; \rho)$ eine halbgeordnete Menge. Ein Element $x \in M$ heißt

*minimales Element:* $\overset{\text{def}}{\Longleftrightarrow}$ $(\forall y \in M)\ y\rho x \Rightarrow y = x$

*kleinstes Element:* $\overset{\text{def}}{\Longleftrightarrow}$ $(\forall y \in M)\ x\rho y$

Erfahrungsgemäß werden die Begriffe „minimales" und „kleinstes Element" gerne verwechselt. Das liegt vielleicht daran, daß die Relation „$\leq$" auf Zahlen, die man gerne als „Modell" für eine Halbordnung betrachtet, in Wirklichkeit eine totale Ordnung ist. Bei totalen Ordnungen fallen die Begriffe „minimales" und „kleinstes Element" jedoch zusammen. Deshalb hier noch einmal eine verbale Definition:

*minimales Element* heißt, daß es kein Element gibt, das kleiner ist. Es kann aber Elemente geben, die unvergleichbar mit einem minimalen Element sind. (In der oben angegebenen Menge $M$ sind $\{1,2\}$ und $\{2,3\}$ beide minimal.)

*kleinstes Element* heißt, daß alle anderen Elemente größer sind. Damit ist auch die Vergleichbarkeit gegeben. Es gibt in einer Menge höchstens ein kleinstes Element. (In der oben angegebenen Menge $M$ gibt es kein kleinstes Element.)

**Definition A.19** Für eine halbgeordnete Menge $(M; \rho)$ werden die Begriffe *maximales Element* und *größtes Element* dual zu den Begriffen miminales und kleinstes Element definiert.

## A.4  Aufgaben

**Aufgabe A.1** $A \overset{f}{\rightarrow} A$ sei eine injektive Abbildung. Zeige, daß $f$ total ist genau dann, wenn $f$ bijektiv ist.

**Aufgabe A.2** $A \overset{f}{\rightarrow} B \overset{g}{\rightarrow} C$ sei injektiv (surjektiv). Was kann man dann über $A \overset{f}{\rightarrow} B$ bzw. $B \overset{g}{\rightarrow} C$ mit Bestimmtheit sagen?

**Aufgabe A.3** Zeige, daß die Umkehrfunktion $B \overset{f^{-1}}{\longrightarrow} A$ einer bijektiven Funktion $A \overset{f}{\rightarrow} B$ stets injektiv ist.

**Aufgabe A.4** Für eine endliche Menge $A$ beweise man

$$|\mathcal{P}(A)| = 2^{|A|}$$

**Aufgabe A.5** Sei $A$ eine endliche Menge. Man beweise, daß für $T \in \mathcal{P}(A)$ gilt

$$|T| + |\overline{T}| = |A|$$

**Aufgabe A.6** Herr Meier, ein ausgezeichneter Logiker, macht die folgende wahre Aussage: *„Wenn es draußen regnet, regnet es draußen nicht"*. Regnet es nun oder nicht?

**Aufgabe A.7** Stellen Sie den folgenden aussagenlogischen Ausdruck durch ausschließliche Verwendung von **nor** dar:

$$(a \wedge b) \wedge (c \vee \bar{d})$$

# Anhang B

# Lösung der Übungen

Für einige Übungen sollen hier Lösungen vorgestellt werden, die jedoch nicht in dem Sinne exemplarisch zu sehen sind, daß es besonders gute Lösungen sind. In jedem Fall wird dringend empfohlen, die Übungen selbst zu bearbeiten.

**Lösung 2.1:** Wir behandeln nur Teilaufgabe 1. Sinn dieser Aufgabe ist es, vorzuführen, wie kompliziert eine formale Beschreibung selbst so einfacher Rechenverfahren werden kann. In der folgenden Spezifikation gehen wir von einer Numerierung der Dezimalstellen aus, bei der die niedrigstwertigen Stellen die niedrigsten Nummern erhalten. Der Multiplikationsalgorithmus ist gegenüber der in der Schule gelehrten Form leicht verändert: Statt zuerst eine Folge von Zwischenresultaten aus den Multiplikationen mit den Einzelziffern zu bilden und diese dann insgesamt zu addieren, wird jeweils nach der Multiplikation mit einer Einzelziffer sofort ins Ergebnis addiert. Wir nehmen an, daß die Addition von Dezimalziffern als Grundalgorithmus auf Folgen von Dezimalziffern verfügbar ist.

**Variablen:** $i, j \in \mathbb{N}$, $D$ Folge von Dezimalziffern, $u \in \mathbb{N}$.

**Eingabe:** Zwei Folgen $A = a_n \ldots a_0$ und $B = b_m \ldots b_0$ von Dezimalziffern.

**Vorbedingung:** $m, n \geq 0$

**Verfahren:**

```
C  :=  () (* Endergebnis initialisieren: Leere Folge *)
i := 0
j := m (* Höchstwertige Ziffer des Multiplikators *)
while j ≥ 0 do
    D  :=  () (* Zwischenresultat initialisieren: Leere Folge *)
    (* Wir nehmen an C = ck ... c0. Dann beschreibt die nächste
       Zeile die Multiplikation von C mit 10: *)
    C  :=  ck ... c00
```

```
i  :=  0  (* Niedrigstwertige Ziffer des Multiplikanden *)
u := 0  (* u = Übertrag aus der Ziffernmultiplikation *)
while i ≤  n do
    if a_i = 0  ∨  b_j = 0 then
        z := u
    else
        z  :=  K(a_i, b_j) + u  (* a_i · b_j + Übertrag *)
    endif
    d_i :=  z mod 10 (* Niedrige Ziffer *)
    u  :=  z div 10 (* Höhere Ziffer *)
    i := i + 1 (* Nächsthöhere Ziffer des Multiplikanden *)
endwhile
d_i := u (* Letzter Übertrag *)
C  :=  C + D (* Zwischenresultat zum Ergebnis *)
j := j − 1 (* Nächstniedrige Ziffer des Multiplikators *)
endwhile
```

**Ausgabe:** Eine Folge $C = c_k \ldots c_0$ von Dezimalziffern.

**Nachbedingung:** $\sum_{i=0}^{k} c_i = (\sum_{i=0}^{n} a_i)(\sum_{j=0}^{m} b_j)$.


**Lösung 2.2:**   Der einfachste Algorithmus zur Lösung dieses Problems sieht mehr oder weniger so aus:

**Variablen:** $i, j \in \mathbb{N}$

**Eingabe:** Zeichenfolgen $T = T_1, \ldots, T_t$, $M = M_1, \ldots, M_m$

**Vorbedingung:** $t > 0$, $m > 0$ (der Einfachheit halber)

**Verfahren:**

```
j := 1   (* Index in T *)
i  :=  1 (* Index in M *)
while j ≤  t ∧ i ≤  m do
    if T_j = M_i then
        i := i + 1
        j := j + 1
    else
        i := i − j + 2   (* Rücksetzen in M *)
```

$$j := 1 \qquad (*\ \textit{Zum Anfang von } T\ *)$$

$$\textbf{endif}$$
$$\textbf{endwhile}$$
$$\textbf{if } j \leq\ t \textbf{ then}$$
$$j\ := 0 \quad (*\ \textit{Nicht gefunden }\ *)$$
$$\textbf{else}$$
$$j := \ j - t \quad (*\ \textit{Gefunden, zurück zum Anfang von } T\ *)$$
$$\textbf{endif}$$

**Ausgabe:** $j \in \mathbb{N}$

**Nachbedingung:** $j = \min\{k \,|\, M_k \ldots M_{k+t-1} = T_1 \ldots T_t\}$ $(\min(\emptyset) \overset{\text{def}}{=} 0)$

Ausgefeiltere Suchmethoden werden in [Se88, Kap. 19] besprochen.

**Lösung 2.9:** Wir nehmen an, daß $\{P \wedge \pi\} A \{P\}$ und $(P \wedge \neg\pi) \Rightarrow Q$ gelten. Durch Anwendung der Iterationsregel erhalten wir zunächst

$$\{P\}\textbf{while } \pi \textbf{ do } A \textbf{ endwhile}\{P \wedge \neg\pi\}\ .$$

Hierauf wenden wir die Regel von der schwächeren Nachbedingung an:

$$\frac{\{P\}\textbf{while } \ldots \textbf{ endwhile}\{P \wedge \neg\pi\}\ \ (P \wedge \neg\pi) \Rightarrow Q}{\{P\}\textbf{while } \ldots \textbf{ endwhile}\{Q\}}$$

**Lösung 2.10:** Siehe hierzu Z. Manna, Theory of Computation, J. Wiley 1974, pp. 208–209

**Lösung 2.11:** Wir vereinbaren zunächst $A$ als Abkürzung von $A_1 \ldots A_n$. Dann gilt nach der Sequenzregel

$$\frac{\{P\}A\{Q\}\ \ \{Q\}\textbf{while } \neg\pi \textbf{ do } A\ \{R\}}{\{P\}\textbf{repeat } A \textbf{ until } \pi\{R\}}\ . \tag{B.1}$$

Wir wollen die zweite Hälfte der Prämisse als Konsequenz der Iterationsregel erhalten. Dazu ersetzen wir $R$ durch $Q \wedge \pi$. Wir nehmen außerdem an, daß $Q$ eine Schleifeninvariante ist, d.h.:

$$\{Q \wedge \neg\pi\}A\{Q\}\ .$$

Durch eine „Rückwärtsrechnung" der **while**-Regel ergibt sich dann aus (B.1):

$$\frac{\{P\}A\{Q\} \quad \{Q \wedge \neg\pi\}A\{Q\}}{\{P\}\textbf{repeat } A \textbf{ until } \pi\{Q \wedge \pi\}} \cdot \tag{B.2}$$

Die Regel von der stärkeren Vorbedingung lautet, wenn wir $Q \wedge \neg\pi$ für $R$ einsetzen:

$$\frac{Q \wedge \neg\pi \Rightarrow P \quad \{P\}A\{Q\}}{\{Q \wedge \neg\pi\}A\{Q\}}$$

Hier haben wir als Konsequenz eine der beiden Prämissen aus (B.2) erhalten. Eine weitere Rückwärtsrechnung transformiert deshalb (B.2) zu

$$\frac{\{P\}A\{Q\} \quad Q \wedge \neg\pi \Rightarrow P}{\{P\}\textbf{repeat } A \textbf{ until } \pi\{Q \wedge \pi\}} \, ,$$

was wir als Verifikationsregel für die **repeat**-Anweisung betrachten können.

**Lösung 2.12:**    Sei $\phi_i \stackrel{\text{def}}{=} \neg\pi_1 \wedge \neg\pi_2 \ldots \neg\pi_i$. Dann kann die geforderte Regel wie folgt formuliert werden:

$$\frac{\{P \wedge \pi_1\}A_1\{Q\} \quad \ldots \quad \{P \wedge \pi_i \wedge \phi_{i-1}\}A_i\{Q\} \quad \ldots \quad \{P \wedge \phi_n\}A_{n+1}\{Q\}}{\{P\}\textbf{if } \pi_1 \textbf{ then } A_1 \textbf{ elsif } \ldots \textbf{ elsif } \pi_n \textbf{ then } A_n \textbf{ else } A_{n+1} \textbf{ endif}\{Q\}}$$

**Lösung 2.13:**    Die durchzuführende Transformation ist offensichtlich

$$\textbf{while } \pi \textbf{ do } A \quad \rightsquigarrow \quad \textbf{if } \pi \textbf{ then repeat } A \textbf{ until } \neg\pi.$$

Bleibt die Korrektheit zu zeigen. Die **while**-Regel lautet:

$$\frac{\{P \wedge \pi\}A\{P\}}{\{P\}\textbf{while } \pi \textbf{ do } A\{P \wedge \neg\pi\}} \cdot$$

Sei nun $P$ tatsächlich eine Schleifeninvariante, d.h. es gelte

$$\{P \wedge \pi\}A\{P\}.$$

Zu zeigen ist dann („Beweisziel"):

$$\{P\}\textbf{if } \pi \textbf{ then repeat } A \textbf{ until } \neg\pi \textbf{ endif } \{P \wedge \neg\pi\}. \tag{B.3}$$

Wir entwickeln ein neues Beweisziel aus (B.3) durch Rückwärtsrechnung nach der **if**-Regel: Wenn wir in der ersten Alternativregel aus Def. 2.22 $Q$ durch $P \wedge \neg\pi$ ersetzen und $A$ durch **repeat** $A$ **until** $\neg\pi$, so lautet diese Regel:

$$\frac{\{P \wedge \pi\}\textbf{repeat } A \textbf{ until } \neg\pi\{P \wedge \neg\pi\} \quad (P \wedge \neg\pi) \Rightarrow P \wedge \neg\pi}{\{P\}\textbf{if } \pi \textbf{ then repeat } A \textbf{ until } \neg\pi \textbf{ endif } \{P \wedge \neg\pi\}}.$$

Der zweite Teil der Prämisse ist trivial, der erste ist unser neues Beweisziel. Dieses lautet also

$$\{P \wedge \pi\}\textbf{repeat } A \textbf{ until } \neg\pi\{P \wedge \neg\pi\}. \tag{B.4}$$

Wir führen jetzt eine Rückwärtsrechnung nach der **repeat**-Regel aus Lösung 2.11 durch, wobei $\pi$ durch $\neg\pi$ ersetzt wird, $P$ durch $P \wedge \pi$ und $Q$ durch $P$. Die Regel lautet dann:

$$\frac{\{P \wedge \pi\}A\{P\} \quad P \wedge \pi \Rightarrow P \wedge \pi}{\{P \wedge \pi\}\textbf{repeat } A \textbf{ until } \neg\pi\{P \wedge \neg\pi\}}.$$

Damit sind wir aber fertig, denn von den beiden Prämissen als neuen Beweiszielen haben wir die erste vorausgesetzt (Schleifeninvariante) und die zweite ist trivial.


**Lösung 3.1:** Sei $\pi$ ein URM-Programm mit einer Instruktion $m :$ DIV $i, j, k$. Wir eliminieren die Division durch eine fortgesetzte Subtraktion, wobei wir die Anzahl der erfolgreichen Subtraktionen mitzählen. Sei also $m_0$ die erste freie Stelle im Programmspeicher und $k_0$ ein freies Register. Ersetze dann $m$: DIV $i, j, k$ durch $m$: JMP $m_0$ und trage ab $m_0$ folgenden Rucksack ein:

| | | | |
|---|---|---|---|
| $m_0$: | ASN | $k_0, j$ | (Kopiere den Wert von $j$) |
| $m_0 + 1$: | ZERO | $i$ | ($i$ initialisieren) |
| $m_0 + 2$: | SUB | $k_0, k_0, k$ | |
| $m_0 + 3$: | JZ | $m + 1$ | ($k_0 < k$, Rücksprung) |
| $m_0 + 4$: | INC | $i$ | (Erfolgreiche Subtraktion zählen) |
| $m_0 + 5$: | JMP | $m_0 + 2$ | |

Dieses Programmstück läuft für $k = 0$ in eine Endlosschleife. Das ist jedoch nicht verkehrt, denn DIV $i, j, 0$ ist nicht definiert.

**Lösung 3.2:** Bei MOD verfahren wir im Prinzip wie in Lösung 3.1; allerdings müssen wir in $i$ das Resultat der letzten erfolgreichen Subtraktion zurückgeben, das ist also der Rest bei der Division von $j$ durch $k$. Der Rucksack sieht in diesem Fall so aus:

| | | | |
|---|---|---|---|
| $m_0$: | ASN | $k_0, j$ | (Kopiere den Wert von $j$) |
| $m_0 + 1$: | ASN | $i, k_0$ | (Augenblicklicher Rest ist $k_0$) |
| $m_0 + 2$: | SUB | $k_0, k_0, k$ | |
| $m_0 + 3$: | JNZ | $m_0 + 1$ | |
| $m_0 + 4$: | JMP | $m + 1$ | (Rücksprung) |

**Lösung 4.1:**

$$\langle P \rangle \quad ::= \quad a\langle P_1 \rangle a | b\langle P_1 \rangle b | c\langle P_1 \rangle c$$
$$\langle P_1 \rangle \quad ::= \quad \varepsilon | a | b | c | \langle P \rangle$$

**Lösung 4.2:** Wir beschreiben diesen Algorithmus nicht formal, sondern geben nur die Idee an. Offensichtlich ist das Startsymbol erreichbar. Ebenso offensichtlich sind, wenn $A$ ein erreichbares Nonterminalsymbol ist, alle Nonterminalsymbole erreichbar, die in den Alternativen der rechten Regelseite zu $A$ vorkommen. Wir konstruieren deshalb algorithmisch eine Folge von Mengen $W_i$ von Nonterminalsymbolen, wobei $W_1$ nur das Startsymbol enthält und $W_{i+1}$ aus $W_i$ zuzüglich allen Nonterminalsymbolen aus allen Alternativen der rechten Regelseiten zu den Symbolen in $W_i$ besteht. Da eine BNF-Definition nur endlich viele Nonterminalsymbole enthält, wird irgendwann $W_i = W_{i+1}$ gelten. $W_i$ ist dann die Menge der erreichbaren Nonterminalsymbole. Die geforderte neue BNF-Definition ensteht, indem die Regeln mit den nicht erreichbaren Symbolen auf der linken Seite weggelassen werden.

**Lösung 4.3:** Dieses Verfahren geht ganz ähnlich wie das von Lösung 4.2. Hier beginnen wir mit $W_1$ als der Menge aller Nonterminalsymbole, bei denen mindestens eine Alternative auf der rechten Regelseite nur aus Terminalsymbolen besteht. Aus diesen Symbolen läßt sich offensichtlich etwas ableiten, und wenn es auch nur das leere Wort sein sollte. Für die Konstruktion von $W_{i+1}$ suchen wir die Regeln auf, bei denen die Symbole aus $W_i$ auf rechten Regelseiten vorkommen und nehmen die Symbole auf den entsprechenden linken Regelseiten hinzu. Wieder wird sich nach endlich vielen Schritten der Fall $W_i = W_{i+1}$ einstellen. Wenn nun das Startsymbol in $W_i$ enthalten ist, ist die Sprache nicht leer.

**Lösung 4.4:** Siehe hierzu N. Wirth, Programming in Modula-2, 3. Auflage, Springer 1985, p. 192 (CaseLabelList, CaseLabels), p. 194 (Statement-Sequence) und p. 195 (CaseStatement, case).

**Lösung 4.5:** Wir verzichten auf eine Kennzeichnung der Sichtbarkeitsbereiche. Es bezeichnen p.A, p.B die in p deklarierten Variablen, q .C die in q deklarierte Variable. Die geforderte Folge der Werte sieht dann so aus, wobei „—" für „undefiniert" steht:

| A | B | C | p.A | p.B | q.C | |
|---|---|---|-----|-----|-----|---|
| 1 | 2 | 3 | — | — | — | vor Aufruf von p |
| 1 | 2 | 3 | 11 | 12 | — | vor Aufruf von q |
| 1 | 2 | 3 | 11 | 12 | 11 | nach C := A |
| 1 | 2 | 3 | 12 | 12 | 11 | nach A := B |
| 1 | 2 | 3 | 12 | 11 | 11 | nach B := C |
| 1 | 2 | 3 | 12 | 11 | — | nach Rücksprung aus q |
| 1 | 2 | 11 | 12 | 11 | — | nach C := A |
| 1 | 2 | 11 | — | — | — | nach Rücksprung aus p |

**Lösung 4.6:** Zuerst überlegen wir uns, daß die Variablen i und j des Hauptprogramms unter dem Versatz („Offset") 3 bzw. 4 im ersten Aktivierungsblock $\pi_1$ anzutreffen sind. Entsprechend ist die Variable i der Prozedur p, solange p aktiv ist, unter $\pi(2,3)$ zu erreichen. In dem folgenden SM-Programm haben wir die Programmspeicherplätze jeweils am Anfang der Zeilen vermerkt. Zeilen, die mit einem Semikolon beginnen, sind Kommentare zur Übersetzung. Der Einsprungspunkt dieses Programms ist 17. Zu beachten ist, daß die (Pseudo-) Anweisungen ReadLn(i,j) und WriteLn(j) keinen Code erzeugen.

```
;               i := j in p
01:  LOAD    1,4
02:  STORE   0,3
;               Schleifentest in p
03:  LOAD    0,3
04:  CONST   0
05:  SUB
06:  JLE     16
;               j := j + a
07:  LOAD    1,4
```

```
08:   CONST  2
09:   ADD
10:   STORE  1,4
;            i := i-1
11:   LOAD   0,3
12:   CONST  1
13:   SUB
14:   STORE  0,3
;            Rücksprung der while-Schleife
15:   JMP    3
;            Ende von p
16:   RET
;            Beginn des Hauptprogramms, Schleifentest
17:   LOAD   0,3
18:   CONST  0
19:   SUB
20:   JL     26
;            Aufruf von p
21:   CALL   0,1,1
;            i := i-1
22:   LOAD   0,3
23:   CONST  1
24:   SUB
25:   JMP    17
;            Laden von j und Ende des Hauptprogramms
26:   LOAD   0,4
27:   RET
```

An diesem Beispiel sehen wir auch, daß das Übersetzungsverfahren aus
Kapitel 4 noch verbesserungsfähig ist: Die Instruktionen 4 und 5 sowie 18
und 19 sind in diesem Zusammenhang überflüssig.

Auf die Angabe einer Konfigurationsfolge verzichten wir.

**Lösung 5.4:** Die Aufgabe scheint zunächst danach zu verlangen, alle Meßwerte $a_i$ zu speichern, was in PASCAL sowieso schwer möglich ist. Bei näherem Hinsehen stellt man jedoch fest, daß man jeweils nur die Anzahl der Meßwerte braucht, ihre Summe und die Summe ihrer Quadrate. Man deklariert deshalb die folgenden Variablen:

| | | |
|---|---|---|
| n: | Integer | Anzahl der Meßwerte |
| s: | Real | Summe der Meßwerte |
| qs: | Real | Summe der Quadrate der Meßwerte |
| mini: | Real | Minimum der Meßwerte |
| maxi: | Real | Maximum der Meßwerte |
| a: | Real | zum Einlesen eines Meßwerts |

Die wesentlichen Anweisungen in der Schleife des Programms lauten dann

```
n  := n+1:
if a<mini then mini := a;
if a>maxi then maxi := a;
s  := s + a;
qs := qs + a*a;
WriteLn("Mittelwert: ",s/n);
WriteLn("Standardabweichung: ",sqrt((n*qs-s*s)/(n*(n-1))) );
WriteLn("Maximum: ",maxi);
WriteLn("Minimum: ",mini)
```

Zu beachten wäre noch, daß Mittelwert und Standardabweichung erst für $n \geq 2$ einen Sinn ergeben.


**Lösung 5.6:** Das folgende Programm leistet das gewünschte. Offensichtlich wird das logische Argumentieren über Programme fast unmöglich gemacht, wenn man sich nicht einmal mehr darauf verlassen kann, daß z.B. $f(0) = f(0)$ gilt.

```
program Pervers(Input,Output);
var n: Integer;

function f(x:Integer):Integer;
begin
   n := n+1;
   f := n
```

```
  end;

  begin
    n := 0;
    if f(0)=f(0) then WriteLn("Alles O.K.")
    else WriteLn("Alles verkehrt")
  end.
```

**Lösung 5.7:**  Die Lösung dieser Aufgabe wie auch das Verständnis der folgenden Lösung dazu erfordert ein genaues Verständnis des Zeigerprinzips und der Behandlung von Wertparametern:

```
  function Reverse(L:Liste): Liste;
  begin
    if (L=nil) or (L↑.next=nil) then reverse := L
    else begin
        reverse := reverse(L↑.next);
        L↑.next↑.next := l
    end
  end;
```

**Lösung 5.9:**  Bei den mit **var** übergebenen Referenzparametern wird an die aufgerufene Prozedur die Adresse einer Variablen übergeben. Der Ausdruck 3 + j bezeichnet jedoch einen *Wert*, der keine Adresse hat.

**Lösung 6.1:**  Der Beweis der Assoziativität von + geht analog zum Beweis der Assoziativität von cat (6.7). Zum Beweis der Kommutativität brauchen wir eine doppelte Induktion, d.h. also eine Induktion, in der nochmals eine andere Induktion eingeschachtelt ist:

**Behauptung:** $\mathrm{add}(x,y) = \mathrm{add}(y,x)$

**Beweis:**  Induktion über $y$.

1. $y = 0$: Zu zeigen: $\mathrm{add}(x,0) = \mathrm{add}(0,x)$. Rechnung ergibt $\mathrm{add}(x,0) = x$. Zu zeigen ist daher $\mathrm{add}(0,x) = x$. Beweis durch Induktion über $x$:

(a) $x = 0$: Rechnung ergibt $\text{add}(0,0) = 0$.

(b) Gelte bereits $\text{add}(0,n) = n$ für irgendein $n$. Rechnung ergibt $\text{add}(0,n+1) = \text{add}(0,n)+1 = n+1$ nach Induktionsvoraussetzung.

2. Gelte bereits $\text{add}(x,m) = \text{add}(m,x)$ für irgendein $m$. Rechnung ergibt $\text{add}(x,m+1) = \text{add}(x,m)+1 = \text{add}(m,x)+1$ nach Induktionsvoraussetzung. Zu zeigen ist daher $\text{add}(m,x)+1 = \text{add}(m+1,x)$. Beweis durch Induktion über $x$:

(a) $x = 0$: $\text{add}(m,0)+1 = m+1 = \text{add}(m+1,0)$.

(b) Gelte bereits $\text{add}(m,n)+1 = \text{add}(m+1,n)$ für irgendein $n$. Rechnung ergibt $\text{add}(m,n+1)+1 = \text{add}(m,n)+2$ und $\text{add}(m+1,n+1) = \text{add}(m+1,n)+1 = \text{add}(m,n)+2$ nach Induktionsvoraussetzung.

$\square$

Die verbleibenden Beweise sind einfach.

**Lösung A.6:** Bezeichnen wir die Aussage „Es regnet draußen" durch $R$, so lautet die Aussage von Herrn Meier

$$R \Rightarrow \neg R \,.$$

Die Aussage $A \Rightarrow B$ ist immer wahr, außer wenn $A = W$ und $B = F$. Wir müssen also $R = W$ ausschließen, m.a.W.: Es regnet nicht.

**Lösung A.7:** Zunächst überlegt man sich, daß die Junktoren $\wedge, \vee, \neg$ wie folgt durch **nor** dargestellt werden können:

$$\neg a \quad \Leftrightarrow \quad a \text{ nor } a \tag{B.5}$$

$$a \wedge b \quad \Leftrightarrow \quad (a \text{ nor } a) \text{ nor } (b \text{ nor } b) \tag{B.6}$$

$$a \vee b \quad \Leftrightarrow \quad (a \text{ nor } b) \text{ nor } (a \text{ nor } b) \tag{B.7}$$

Diese Äquivalenzen sieht man durch folgende Rechnungen ein:

**B.5:** $a$ nor $a = \overline{a \vee a} = \overline{a}$.

**B.6:** $(a$ nor $a)$ nor $(b$ nor $b) = \overline{\overline{a} \vee \overline{b}} = \overline{\overline{a}} \wedge \overline{\overline{b}} = a \wedge b$.

**B.7:** $(a$ nor $b)$ nor $(a$ nor $b) = \overline{\overline{(a \vee b)} \vee \overline{(a \vee b)}} = \overline{\overline{a \vee b}} \wedge \overline{\overline{a \vee b}} = a \vee b$.

Mit diesen Äquivalenzen läßt sich der angegebene Ausdruck rein mechanisch in eine Form transformieren, die nur **nor** verwendet. Dabei ergibt sich nicht notwendig der „einfachste" nor-Term, der zum Ausgangsterm äquivalent ist. Es gibt jedoch bestimmte *Minimierungsverfahren*, die solches leisten.

# Anhang C

# Literaturverzeichnis

## Lehrbücher


[BW84]   F. L. Bauer, H. Wössner, *Algorithmische Sprache und Programm-entwicklung*, Springer Verlag, 1984

[GKP89]  R. L. Graham, D. E. Knuth, O. Patashnik, *Concrete Mathematics*, Addison-Wesley, 1989

[LMH86]  J. Loeckx, K. Mehlhorn, R. Wilhelm, *Grundlagen der Programmiersprachen*, Teubner Verlag, 1986

[Re87]   U. Rembold, *Einführung in die Informatik für Naturwissenschaftler und Ingenieure*, Carl Hanser, 1987

[Se88]   R. Sedgewick, *Algorithms*, Addison-Wesley, 1988

[WW84]   E. H. Waldschmidt, H. K.-G. Walter, *Grundzüge der Informatik I, II*, B.I. Wissenschaftsverlag, 1984, 1986


## Pascal-Bücher


[Be88]   F. Belli. *Pascal Band I: Einführung.* Bd. 635, *Hochschultaschenbücher*, Bibliographisches Institut, Mannheim, 1988.

[BS86]   M. Blumenfeld, A. Steinkamp. *Pascal Tools.* Vieweg Verlag, 1986.

[Go86]   B.S. Gottfried. *Programmieren mit Pascal. Schaum's Outline*, Mc-Graw Hill, 1986.

[HP87]   P. Horster, M. Ports, J. Rüter, M. Sonnenschein. *Turbo Pascal.* Hüthig Verlag, Heidelberg, 1987.

[JW75]   K. Jensen, N. Wirth. *Pascal User Manual and Report.* Springer Verlag, 3. Aufl., 1976,1985.

[KR88]		E. Kaier, E. Rudolfs. *Turbo Pascal 4.0 Grundkurs.* Vieweg Verlag, 1985,86,88.

[Li88]		A. Liebetrau. *Turbo-Pascal 4.0 von A–Z.* Vieweg Verlag, 1988.

[OS83]		Th. Ottmann, M. Schrapp, P. Widmayer. *Pascal in 100 Beispielen.* Teubner Verlag, 1983.

## Sonstige

[Al60]		J. W. Backus, F. L. Bauer u.a., *Revised Report on the Algorithmic Language ALGOL60*, Numerische Mathematik **4**, 420 (1963)

[Ba89]		F. L. Bauer, *100 Jahre Peano-Zahlen*, Informatik-Spektrum **12**, 340–341 (1989)

[BL74]		W. S. Brainerd, L. H. Landweber, *Theory of Computation*, John Wiley, 1974

[BHM84]	W. Brauer, W. Haacke, S. Münch, *Studien- und Forschungsführer Informatik*, Springer Verlag, 1984

[Ha69]		P. Halmos, *Naive Mengenlehre*, Vandenhoeck & Ruprecht, Göttingen 1969

[Ho69]		C. A. R. Hoare, *An Axiomatic Basis of Computer Programming*, Commun. ACM, Vol. 12 (1969), 576–580

[Kl83]		H. Klaeren, *Algebraische Spezifikation—Eine Einführung*, Springer Verlag, 1983

[Kn73]		D. E. Knuth, *The Art of Computer Programming*, Vol. 3: Sorting and Searching, Addison-Wesley 1973

[Lo87]		R. Loos, *Informatik I*, Vorlesungsmanuskript, Tübingen 1987

[MH80]	N. Metropolis, J. Howlett, G. Rota, *A History of Computing in the Twentieth Century*, Academic Press 1980

[SS63]		J. C. Shepherdson, H. E. Sturgis, *Computability of Recursive Functions*, Journal of the ACM **10**, 217–255

[Tu37]   A. Turing, *On computable numbers, with an Application to the Entscheidungsproblem*, Proc. London Math. Soc. Ser. 2, Vol. 42 (1937), 230

[We81]   R. Wexelblat, *History of Programming Languages*, Academic Press 1981

[Wi78]   N. Wirth, *Systematisches Programmieren*, Leitfäden der angewandten Mathematik und Mechanik, Teubner 1978

[Wi84]   N. Wirth, *Compilerbau*, Leitfäden der angewandten Mathematik und Mechanik, Teubner 1984

# Index

# Leitfäden und Monographien der Informatik

Fortsetzung

Wegener: **Effiziente Algorithmen für grundlegende Funktionen**
270 Seiten. Kart. DM 39,80

Wirth: **Algorithmen und Datenstrukturen**
Pascal-Version
3. Aufl. 320 Seiten. Kart. DM 42,—

Wirth: **Algorithmen und Datenstrukturen mit Modula - 2**
4. Aufl. 299 Seiten. Kart. DM 42,—

Wojtkowiak: **Test und Testbarkeit digitaler Schaltungen**
226 Seiten. Kart. DM 36,—

Preisänderungen vorbehalten

 **B. G. Teubner Stuttgart**